海洋发展重要论述

Important Expositions of Ocean Development

宁波市科学技术协会 编

浙江大学出版社
ZHEJIANG UNIVERSITY PRESS

图书在版编目(CIP)数据

海洋发展重要论述 / 宁波市科学技术协会编.
—杭州：浙江大学出版社，2012.4
ISBN 978-7-308-09806-9

Ⅰ.①海… Ⅱ.①宁… Ⅲ.①海洋开发—研究
Ⅳ.①P74

中国版本图书馆 CIP 数据核字（2012）第 054784 号

海洋发展重要论述
宁波市科学技术协会　编

责任编辑　樊晓燕
封面设计　续设计
出版发行　浙江大学出版社
（杭州市天目山路 148 号　邮政编码 310007）
（网址：http://www.zjupress.com）
排　　版　杭州中大图文设计有限公司
印　　刷　杭州日报报业集团盛元印务有限公司
开　　本　889mm×1194mm　1/32
印　　张　6.5
字　　数　181 千
版 印 次　2012 年 4 月第 1 版　2012 年 4 月第 1 次印刷
书　　号　ISBN 978-7-308-09806-9
定　　价　20.00 元

浙江大学出版社发行部邮购电话　(0571)88925591

前 言

21世纪是海洋的世纪，我国已经把合理开发和保护海洋资源和环境列入国民经济社会发展的总体规划之中，把海洋事业可持续发展作为一项基本战略。这无疑是影响21世纪历史进程的重大事件之一。但是要使规划变成现实，还有许多问题需要解决，这尤其是在统一认识、转变观念、弘扬海洋精神、增强海洋意识、提升海洋知识等方面显得特别重要。因为这是实施海洋规划的先决条件。

人类对海洋战略地位和价值的认识是一个不断深化的过程，并随着海洋研究、开发利用和保护事业的发展而不断深化，不断发展，同时也形成了一系列关于海洋发展方面的重要论述，其中许多论述对于现在仍具有重要的指导意义。鉴于此，宁波市科学技术协会组织专家学者对与海洋发展有关的重要论述进行了搜集整理和摘要汇编。搜集的内容主要来自四个方面：一是党政领导人对于海洋发展的重要讲话；二是国家有关的规划纲要；三是专家学者的学术观点；四是古今中外的名言和名著要点。所搜集的内容经归类，主要涵盖六个主题：一是关于海洋发展战略；二是关于海洋经济产业；三是关于海洋资源环境保护与防灾减灾；四是关于海洋探索与科技；五是关于海洋文化；六是关于海洋权益与和平利用海洋。由此形成《海洋发展重要论述》一书。

这本《海洋发展重要论述》的内容，对于比较系统地学习领会领导人的海洋战略思维、理解专家学者的学术观点、树立海洋意识、提高海洋相关专业知识水平、拓展海洋人文趣味、指导发展海洋经济具有一定的指导性、知识性价值。

本书可供广大公务人员、科技人员和大中专学生阅读学习。

2012 年 4 月

目 录

一、海洋发展战略

开发海洋是推动我国经济社会发展的一项战略任务。要加强海洋调查评价和规划,全面推进海域使用管理,加强海洋环境保护,促进海洋开发和经济发展。

——2004 年 3 月 10 日,胡锦涛总书记在中央人口资源环境工作座谈会上的讲话(摘自求是理论网 http://www.qstheory.cn/zl/gcyl/201105/t20110525_82510.htm)

大力发展空间和海洋科学技术。要提高空间探测能力、对地观测能力、信息应用能力,在空间科学技术研究及其应用方面取得原创性重大突破,保证我国有效和平利用空间。要提高海洋探测及应用研究能力和海洋资源开发利用能力,使我国海洋科技水平进入世界前列,增强我国海洋能力拓展,支撑我国海洋事业发展,保护和利用海洋。

——2010 年 6 月 7 日,胡锦涛总书记在中国科学院第 15 次院士大会、中国工程院第 10 次院士大会上的讲话(摘自《人民日报》2010 年 6 月 7 日第 1 版)

加快发展海洋经济和海洋产业。这是海南实现可持续发展的一大优势,也是应对金融危机的重大举措。海洋经济在整个国民经济中占有重要地位,一定要把海洋产业培育成为新的经济增长点。海

南是海洋大省，拥有相当于自身陆地面积近60倍的辽阔海洋，加快发展海洋经济和海洋产业势在必行。一要抓紧制定海洋经济发展总体规划和政策体系，制定完善海洋产业发展的专项规划，研究推进周边岛屿开发开放的政策措施。二要努力把海洋产业做大做强，包括发展海洋运输业、海洋船舶制造业、海洋渔业、海洋观光旅游业等。三要加快疏港、临港基础设施建设，吸引更多的大型航运公司落户，开辟新的航线，发展中转贸易，成为国内市场与国际市场的接轨点、国内经济和国际经济的交汇点。四要依托区位、港口资源和保税港区的政策优势，优化港口经济结构和产业布局，特别要高起点、高水平推进洋浦开发开放。五是切实加强海洋生态环境保护。必须牢固树立保护海洋生态环境和海洋经济协调发展的理念，以海洋经济开发带来的繁荣维护海洋环境的生态平衡，以生态环境的良性循环促进海洋经济开发的更大发展。

——2009年9月15日，温家宝总理在参加博鳌亚洲论坛2009年年会期间在海南考察时的讲话（摘自《人民日报》2009年4月18日第1版）

中国既是一个陆地大国，也是一个海洋大国。科学开发利用海洋资源，加快海洋经济发展和沿海地区综合开发，有利于充分利用国土资源，加快经济发展方式转变，对促进东部地区率先发展、实现全面建设小康社会的战略目标具有重大意义。“十二五”期间，我国海洋事业发展面临着难得的机遇，我们要坚持陆海统筹、协调发展的方针，促进海洋经济发展和沿海地区综合开发迈上一个新台阶。

——2011年4月1日，温家宝总理在听取由钱正英院士领衔的中国工程院提交的《浙江沿海及海岛综合开发战略研究综合报告》汇报时的指示（摘自《浙江日报》2011年4月2日第1版）

要充分利用发展海洋经济的独特优势，积极提升传统海洋产业，大力发展战略性新兴海洋产业，真正把临海优势尽快转化为海洋经济优势。

——2010年6月1日，全国政协主席贾庆林在天津调研时的讲话摘要(摘自《广西日报》2010年6月2日第1版)

浙江地处东海之滨，海是浙江的一大优势。浙江海陆比例超过二比一，海洋资源更为丰富，大力发展海洋经济有利于浙江省扬长避短，充分发挥资源优势，实施可持续发展战略，增强发展后劲；有利于浙江抓住机遇进一步拓展新的发展空间，拓展经济领域，增强综合实力；有利于浙江省扩大开放，积极参加长江三角洲地区经济合作与发展，大力发展外向型经济，增强国际竞争力。

发展海洋经济是一项造福子孙后代的战略任务，是一个涉及方方面面的系统工程。要坚持依靠科技进步，不断拓宽开放海洋的领域，提高海洋产业的档次和水平，充分发挥科研院所的科技人才优势，大力发展海洋科技，加快培养海洋专门人才。坚持开放与保护并举的方针，走可持续发展之路，采取切实措施尽快缓解浙江省近岸海域污染日趋严重的问题。

——习近平副主席为《海洋：浙江的未来——加快海洋经济发展战略研究》(杭州：浙江科学技术出版社，2003)所作序言

绿色发展和可持续发展是当今世界的时代潮流。为了实现亚洲和世界的绿色发展和可持续发展，为了使人类赖以生存的大气、淡水、海洋、土地和森林等资源环境得到永续发展，我们亚洲各国应该统筹经济增长、社会发展、环境保护。

——2010年4月14日，习近平副主席在博鳌亚洲论坛2010年

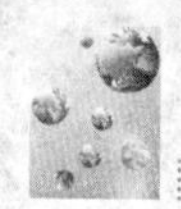

年会开幕式上的演讲(摘自《人民日报海外版》2010 年 4 月 12 日第 1 版)

海洋事业在我国经济社会发展中具有十分重要的战略地位。我们要认真贯彻党的十七届五中全会精神,制定和实施海洋发展战略,提高海洋开发、控制和综合管理能力,促进海洋经济和海洋事业全面协调可持续发展。

——2010 年 12 月 2 日,李克强副总理在会见全国海洋系统先进集体先进工作者时的讲话(摘自新华网高层动态栏目,2010 年 12 月 2 日)

发展海洋经济和海洋事业,要加强科技支撑,加快培养所需要的各方面人才,积极推进海洋科学研究和技术应用,深入开展极地考察和大洋考察,着力提升海洋科技创新能力。要不断加强海洋综合管理,提高海洋执法能力,保障海上通道安全,切实维护海洋权益。要积极参与国际海洋事务,加强与周边国家的沟通和交流,不断扩大海洋领域对外开放和国际合作,推动我们的海洋事业和海洋经济发展再上新台阶。

——2010 年 12 月 2 日,李克强副总理在会见全国海洋系统先进集体先进工作者时的讲话(摘自新华网高层动态栏目,2010 年 12 月 2 日)

进一步深化改革开放,以推进海洋经济发展示范区建设为重要抓手,加快结构调整,开拓发展空间,促进城乡和区域协调发展,不断增创发展新优势、实现民生新改善。

——2011 年 3 月 7 日,李克强副总理在参加十一届全国人大四

次会议浙江代表团审议时的谈话（摘自新华网 2011 全国两会专栏，2011 年 3 月 7 日）

党中央、国务院历来高度重视海洋经济发展，特别是去年胡锦涛总书记两次视察山东时强调，要大力发展海洋经济，科学开发海洋资源，培育海洋优势产业，打造和建设好山东半岛蓝色经济区，进一步明确了我国海洋经济发展的重点、方向和重大意义。深入开展全国海洋经济发展试点工作，是积极拓展国民经济发展空间、培育新的经济增长极和维护国家海洋权益的必然要求，是推动经济结构优化升级、转变经济发展方式的有效途径，是促进海洋生态环境保护和海洋资源可持续利用的重大举措，是探索建立适合海洋经济发展体制机制的客观需要。在推进试点工作中，要着力研究解决好海洋经济发展的战略定位、发展方式转变和结构优化、临海产业布局、科技教育支撑能力提升、海洋资源综合利用和生态保护、海洋服务能力完善以及政策、体制、法规建设等重大问题。试点省份要切实加强组织领导，把工作责任落实到试点单位和具体责任人，按照统一的进度要求，抓紧编制完成发展规划和试点方案。国务院有关部门要加强对各省试点工作的支持和指导，抓紧开展规划调研，帮助各省修改完善发展规划和试点方案。省部双方要大胆探索，勇于创新，共同努力使试点工作成为海洋经济发展的新起点。

——2010 年 7 月 9 日国家发改委副主任杜鹰在全国海洋经济发展试点工作启动会议上的讲话（摘自人民网 http://qd.people.com.cn/GB/190560/12107165.html）

第一，要认真学习、深刻领会胡锦涛总书记的讲话精神。特别是胡锦涛总书记讲话中提出的四个坚定不移，学习中要结合海洋工作

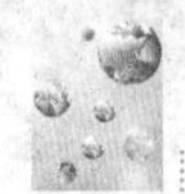

实际，认真思考领会其精神实质。第二，要结合实际做好贯彻落实。一是要贯彻坚持以经济建设为中心，坚持发展是硬道理的要求，全面推进完成海洋工作六项重点工作、提升六种能力、增强六个方面的意识。这是贯彻落实总书记重要讲话精神的出发点和落脚点。二是大力推动海洋文化建设。总书记在讲话中指出，在发展社会主义物质文明的同时，也要大力发展社会主义精神文明，形成积极向上的精神追求和健康文明的生活方式。局(国家海洋局)党组确定的六项重点工作中提出了要发展海洋文化，增强全民族的海洋意识。这方面要结合好，使海洋文化建设在社会主义文化大发展中得到充分显现。三是大力推进和谐社会的建设。发展才是硬道理。在和谐社会建设中，保障、改善民生是重点，要有实质性的进展。同时，还要妥善处理好改革发展与稳定的关系。第三，要精心组织好胡锦涛总书记重要讲话的学习。各单位、各部门要组织学习原文，领会精神实质。领导同志要带头学，结合实际学，以胡总书记重要讲话为指导，进一步推动当前各项工作的全面开展。

——2011 年 7 月 4 日国家海洋局党组书记刘赐贵在学习贯彻胡锦涛总书记七一重要讲话时的发言(摘自《中国海洋报》2011 年 7 月 4 日 A1 版)

浙江是海洋资源大省，也是海洋经济大省。建设浙江海洋经济发展带具有重大的战略意义、现实意义、示范意义。

——2010 年 4 月 6 日浙江省委书记赵洪祝在参加中国工程院“浙江省沿海及海岛综合开发战略研究”项目调研组交流时的讲话(摘自《浙江日报》2010 年 4 月 7 日第 1 版)

温家宝总理在国务院《浙江沿海及海岛综合开发战略研究综合

报告》汇报会和在浙江考察时的重要讲话精神，对于我们谋划实施“十二五”规划，加快海洋经济发展，正确认识经济形势，做好当前各方面工作，都具有十分重要的意义。我们一定要领悟党中央、国务院对浙江的亲切关怀，把学习贯彻温总理重要讲话精神与学习贯彻全国“两会”精神、谋划实施“十二五”规划紧密结合起来，与认真分析研究一季度经济形势、保持经济平稳健康发展、完成今年经济社会发展目标任务紧密结合起来，与加快发展海洋经济、加强和创新社会管理等各项重点工作紧密结合起来。各地各部门要认真抓好传达学习和贯彻落实，全面推动浙江经济社会又好又快发展，努力实现“十二五”发展的良好开局。

建设浙江海洋经济发展示范区是国家发展战略的重要组成部分，是完善国家沿海区域发展布局的战略部署。这既是中央赋予浙江的一项重大政策，也是中央交给浙江的一个重大任务。

——2011 年 4 月 9 日浙江省委书记赵洪祝在传达学习温家宝总理在浙江考察并主持召开沪苏浙三省市经济形势座谈会时的重要讲话精神时的发言(摘自《浙江日报》2011 年 4 月 10 日第 1 版)

发挥沿海地区独特的优势，利用苏通大桥建成通车等有利条件，加大沿海地区综合开发力度，加强连云港等重点港口建设，着力构建以新能源、海洋特色产业、现代物流业、临港石化为重点的沿海产业带，加速形成新兴的工业基地和现代农业基地。

——2008 年 7 月江苏省委书记梁保华在传达贯彻温家宝总理在江苏视察时的重要讲话精神时的发言(摘自《新华日报》2009 年 9 月 26 日第 1 版)

要深刻认识建设山东半岛蓝色经济区是实施国家海洋发展战略

的重大举措，进一步增强责任感和使命感，为贯彻中央的决策部署作出应有贡献。深刻认识建设山东半岛蓝色经济区是我省发展进程中的重大机遇，抓紧组织实施山东半岛蓝色经济区发展规划，力求尽快取得进展和突破。深刻认识建设山东半岛蓝色经济区是转变发展方式的有效途径，提升和改善我省产业层次，带动我省产业向高端高质高效方向发展。深刻认识建设山东半岛蓝色经济区是提高开放水平的强大动力，拓展对外开放的广度和深度，推动全省外向型经济再上一个新台阶。深刻认识建设山东半岛蓝色经济区是促进区域协调发展的现实需要，统一思想，找准定位，全力支持，积极参与山东半岛蓝色经济区建设，促进全省区域协调发展。

——2011 年 1 月山东省委书记、省人大常委会主任姜异康在山东半岛蓝色经济区建设工作动员会上的讲话（摘自《大众日报》2011 年 1 月 13 日第 1 版）

6 月 30 日，国务院正式批准设立浙江舟山群岛新区，这是今年国务院在批准实施《浙江海洋经济发展示范区规划》和《浙江省义乌市国际贸易综合改革试点总体方案》之后对浙江做出的又一重大战略部署，是继上海浦东新区、天津滨海新区和重庆两江新区后，党中央、国务院决定设立的又一个国家级新区，也是国务院批准的我国首个以海洋经济为主题的国家战略层面新区。对于实施国家区域发展总体战略和海洋发展战略，加快转变浙江经济发展方式，建设海洋经济发展示范区，具有重大战略意义。

——2011 年 7 月 7 日浙江省省长吕祖善在国务院新闻办公室就浙江舟山群岛新区建设等方面情况举行的发布会上的发言（摘自“国务院新闻办公室新闻发布会”网上直播文字实录，2011 年 7 月 7 日）

* * *

发展海洋经济。坚持海陆统筹，制定和实施海洋发展战略，提高海洋开发、控制、综合管理能力。科学规划海洋经济发展，发展海洋油气、运输、渔业等产业，合理开发利用海洋资源，加强渔港建设，保护海岛、海岸带和海洋生态环境。保障海上通道安全，维护我国海洋权益。

——中国共产党第十七届五中全会通过的《中共中央关于制定国民经济和社会发展第十二个五年规划的建议》

坚持陆海统筹，制定和实施海洋发展战略，提高海洋开发、控制、综合管理能力。

科学规划海洋经济发展，合理开发利用海洋资源，积极发展海洋油气、海洋运输、海洋渔业、滨海旅游等产业，培育壮大海洋生物医药、海水综合利用、海洋工程装备制造等新兴产业。加强海洋基础性、前瞻性、关键性技术研发，提高海洋科技水平，增强海洋开发利用能力。深化港口岸线资源整合和优化港口布局。制定实施海洋主体功能区规划，优化海洋经济空间布局。推进山东、浙江、广东等海洋经济发展试点。

加强统筹协调，完善海洋管理体制。强化海域和海岛管理，健全海域使用权市场机制，推进海岛保护利用，扶持边远海岛发展。统筹海洋环境保护与陆源污染防治，加强海洋生态系统保护和修复。控制近海资源过度开发，加强围填海管理，严格规范无居民海岛利用活动。完善海洋防灾减灾体系，增强海上突发事件应急处置能力。加强海洋综合调查与测绘工作，积极开展极地、大洋科学考察。完善涉海法律法规和政策，加大海洋执法力度，维护海洋资源开发秩序。加强双边多边海洋事务磋商，积极参与国际海洋事务，保障海上运输通道安全，维护我国海洋权益。

——《中华人民共和国国民经济和社会发展第十二个五年规划纲要》

强化海洋意识，维护海洋权益，保护海洋生态，开发海洋资源，实施海洋综合管理，促进海洋经济发展。综合治理重点海域环境，遏制渤海、长江口和珠江口等近岸海域生态恶化趋势。恢复近海海洋生态功能，保护红树林、海滨湿地和珊瑚礁等海洋、海岸带生态系统，加强海岛保护和海洋自然保护区管理。完善海洋功能区划，规范海域使用秩序，严格限制开采海砂。有重点地勘探开发专属经济区、大陆架和国际海底资源。

——《中华人民共和国国民经济和社会发展第十一个五年规划纲要》

我国是海洋大国，海洋问题事关国家根本利益。从我国未来发展全局看，海洋对保障国家安全、缓解资源和环境的瓶颈制约、拓展国民经济和社会发展空间，将起到更加重要的作用。在社会主义现代化建设过程中，必须把海洋事业摆在十分重要的战略位置。加快发展海洋事业，努力建设海洋强国，着力提升我国的综合国力、国际竞争力和抗风险能力，是新时期社会经济发展的迫切需求，对实现社会主义现代化建设第三步战略目标具有重要意义。

——2008 年 2 月 7 日国务院批准的《国家海洋事业发展规划纲要》

《国家海洋事业发展规划纲要》制定的海洋经济发展目标是：海洋经济发展向又好又快的方向转变，对国民经济和社会发展的贡献率进一步提高。2010 年海洋生产总值占国内生产总值的 11%以上；海洋产业结构趋向合理，第三产业比重超过 50%；年均新增涉海就业岗位 100 万以上；海洋经济核算体系进一步完善。

——2008 年 2 月 7 日国务院批准的《国家海洋事业发展规划纲要》

要始终贯彻在开发中保护、在保护中开发的方针，进一步规划海洋开发秩序。加强海洋环境整治与陆源污染控制。加快实施以海洋环境容量为基础的总量控制制度，遏制近岸海域污染恶化和生态破坏趋势。建立并完善全国海洋经济运行评估监测系统，提高海洋经济增长质量，积极发展海洋产业，促进海洋经济又好又快发展。加快全国海洋信息化建设，提高海洋环境预报水平和能力，切实增强防灾减灾能力。

——2008 年 2 月 7 日国务院批准的《国家海洋事业发展规划纲要》

中国为发展海洋事业、开发和保护海洋作出了积极的努力。与此同时，中国政府也清醒地认识到，由于中国是一个发展中国家，发展水平和经济力量有限，使得中国的海洋开发与保护同世界上一些发达国家相比，还存在着差距：中国的海洋科学技术水平还比较低，海洋开发技术装备比较落后，许多海洋开发领域尚处在粗放型阶段，特别是近年来随着沿海地区人口的不断增加和经济的快速发展，给海洋环境的保护和海洋资源的合理开发带来了很大压力，中国已经把合理开发利用与保护海洋资源和环境列入跨世纪的国民经济和社会发展总体规划之中，把海洋事业可持续发展作为一项基本战略。随着社会生产力的不断发展、综合国力的进一步增强以及国民海洋意识的逐步提高，中国的海洋事业必将得到更大的发展，中国将一如既往地与世界各国有关国际组织一道，为促进人类开发和保护海洋事业走上可持续发展道路而作出应有的贡献。

——1998 年年 5 月中华人民共和国国务院新闻办公室发布政府白皮书《中国海洋事业的发展》

· 海洋人才发展要遵循“需求牵引、创新机制、以用为本、统筹开发、突出重点”的基本原则，力争用 10 年左右的时间使海洋人才总量稳步增长、素质大幅提升、结构趋于合理、发展环境逐步优化、效能明显提高，使海洋新兴领域专业技术人才队伍不断扩大，形成一支规模适度、结构优化、布局合理、素质优良的海洋人才队伍，不断提高海洋人才对海洋事业发展的贡献，使我国海洋人才发展总体水平达到主要海洋国家的中等发展水平。

——国家海洋局、教育部、科学技术部、农业部、中国科学院 2011 年 10 月联合发布的《全国海洋人才发展中长期规划纲要（2010—2020 年）》

着力打造七支海洋人才队伍，重点实施七项海洋人才工程（计划），即打造世界一流水平的科学家和技术专家队伍、海洋工程装备技术人才队伍、海洋资源开发利用技术人才队伍、海洋公益服务专业技术人才队伍、海洋管理人才队伍、海洋高技能人才队伍、国际化海洋人才队伍；实施领军人才和创新团队培养发展计划、海洋专业技术人才知识更新工程、战略性海洋人才培养工程、深远海人才培养工程、海洋高技能人才培养工程、海洋人才培养共建计划、海洋科学教育社会组织发展计划。

——国家海洋局、教育部、科学技术部、农业部、中国科学院 2011 年 10 月联合发布的《全国海洋人才发展中长期规划纲要（2010—2020 年）》

2002年8月22日国务院批复了《全国海洋功能区划》(以下简称《区划》)。印发该规划的国务院文件指出:海洋是我国经济社会可持续发展的重要资源。在海域使用管理上,必须认真贯彻执行海洋管理法律法规,坚持在保护中开发,在开发中保护的方针,严格实行海洋功能区划制度,实现海域的合理开发和可持续利用。

——2002年国土资源部根据国务院批复发布的《全国海洋功能区划》

《区划》将我国管辖海域划定为10种主要海洋功能区,对每种海洋功能区都提出了开发保护重点和管理要求。10种主要海洋功能区包括:港口航运区、渔业资源利用和养护区、矿产资源利用区、旅游区、海水资源利用区、海洋能利用区、工程用海区、海洋保护区、图书利用区和保留区。

——2002年国土资源部根据国务院批复发布的《全国海洋功能区划》

《区划》确定了30个包括近岸海域、群岛海域及重要资源开发利用区的重点海域。渤海7个:辽东半岛西部海域、辽河口邻近海域、辽西—冀东海域、天津—黄骅海域、莱州湾及黄河口毗邻海域、庙岛群岛海域和渤海中部海域;黄海6个:辽东半岛东部海域、长山群岛海域、烟台—威海海域、胶州湾及其毗邻海域和苏北海域;东海7个:长江口—杭州湾海域、舟山群岛海域、浙中南海域、闽东海域、闽中海域、闽南海域和东海重要资源开发利用区;南海10个:粤东海域、珠江口及毗邻海域、粤西海域、铁山港—廉州湾海域、钦州湾—珍珠港海域、海南岛东北部海域、海南岛西南部毗邻海域、西沙群岛海域、南沙群岛海域和南海重要资源开发利用区。

——2002年国土资源部根据国务院批复发布的《全国海洋功能区划》

针对海洋开发,《区划》制定了有关目标,即:建立起符合海洋功能区划的海洋开发利用秩序,实现海域的合理开发和可持续利用,满足国民经济和社会发展对海洋的需求。2001—2005年,加强海洋功能区划的实施管理,逐步调整不符合海洋功能区划的用海项目,实现重点海域开发利用基本符合海洋功能区划,控制住近岸海域环境质量恶化的趋势。2006—2010年,严格实行海洋功能区划制度,实现海域开发利用符合海洋功能区划,生态环境质量得到改善,海洋经济稳步发展。

——2002年国土资源部根据国务院批复发布的《全国海洋功能区划》

2011年3月1日,国务院正式批复《浙江海洋经济发展示范区规划》。规划包含区域:浙江全部的海域和杭州、宁波、温州、嘉兴、绍兴、舟山、台州等市的市区及沿海县市的陆域,海域面积达到26万平方公里,陆域面积达到3.5万平方公里,其中海岛的陆域面积约0.2万平方公里根据《规划》,浙江将充分挖掘浙江丰富的"海洋生产力",并把海洋经济作为经济转型升级的突破口。规划目标:到2015年,浙江的海洋生产总值将突破7200亿元。同时,浙江将打造"一核两翼三圈九区多岛"为空间布局的海洋经济大平台,宁波—舟山港海域、海岛及其依托城市是核心区;在产业布局上以环杭州湾产业带为北翼,成为引领长三角海洋经济发展的重要平台,以温州台州沿海产业带为南翼,与福建海西经济区接轨;杭州、宁波、温州三大沿海都市圈通过增强现代都市服务功能和科技支撑功能,为产业升级服务。在此基础上形成九个沿海产业集聚区,并推进舟山、温州、台州等地诸多岛屿的开发和保护。

——国家"十二五"规划中提及的三个"海洋经济发展试点"

2011年1月4日,国务院正式批复《山东半岛蓝色经济区发展规划》,成为中国第一个以海洋经济为主题的国家发展战略。规划主体区范围包括山东全部海域和青岛、东营、烟台、潍坊、威海、日照6市及滨州市的无棣、沾化2个沿海县所属陆域,海域面积15.95万平方公里,陆域面积6.4万平方公里。规划目标:到2015年,山东半岛蓝色经济区现代海洋产业体系基本建立,综合经济实力显著增强,海洋科技自主创新能力大幅提升,海陆生态环境质量明显改善,海洋经济对外开放格局不断完善,率先达到全面建设小康社会的总体要求;到2020年,建成海洋经济发达、产业结构优化、人与自然和谐的蓝色经济区,率先基本实现现代化。

——国家“十二五”规划中提及的三个“海洋经济发展试点”

2011年7月20日,国务院正式批复《广东海洋经济综合试验区发展规划》。该《规划》的规划期为2011—2020年,主体区范围涵盖了广东省全部海域和广州、深圳、珠海、汕头、惠州、汕尾、东莞、中山、江门、阳江、湛江、茂名、潮州、揭阳14个市,海域面积41.9万平方公里,陆域面积8.4万平方公里。规划目标:到2015年达到1.5万亿元,占到GDP总量的近1/4,到2020年广东将实现建成海洋经济强省的目标。“十一五”时期广东省海洋经济总量年均增长17.8%。2010年,广东省海洋生产总值达8291亿元,占全省地区生产总值的18.2%,连续16年居全国首位。

——国家“十二五”规划中提及的三个“海洋经济发展试点”

宁波发展海洋经济,建设海洋经济强市,对于推进宁波转变经济发展方式、促进浙江海洋经济发展示范区建设、实现全国区域协调发展等都具有示范重要的战略意义。

——宁波市海洋经济发展规划(2011—2020年)

* * *

自世界大势变迁，国力之盛衰强弱，常在海而不在陆，其海上权力优胜者，其国力常占优胜。

——中国社科院近代史研究所. 孙中山全集(卷2). 北京：中华书局，1982

海权与陆权并重，不偏于海，亦不偏于陆，而以大陆雄伟之精神，与海国超迈之意识，左右逢源，相得益彰。

——孙中山. 建国方略(新版). 北京：中国长安出版社，2011

何谓太平洋问题？即世界之海权问题也。海权之竞争，自地中海而移入大西洋，今则由大西洋移于太平洋矣！

——中国社科院近代史研究所. 孙中山全集(卷5)，战后太平洋问题序. 北京：中华书局，1985

昔日之地中海问题、大西洋问题，我可付诸不知不问也，惟今后之太平洋问题，即实关于我中华民族之生存，中华国家之命运也。

——中国社科院近代史研究所. 孙中山全集(卷5)，战后太平洋问题序. 北京：中华书局，1985

惟今后之太平洋问题，则实关于我中华民族之生存，中华国家的命运者也。盖太平洋之重心，即中国也。争太平洋之海权，即争中国之门户耳，谁握此门户，则有此堂奥，有此宝藏也。人方以我为争，我岂能付之不知不问乎？

——中国社科院近代史研究所.孙中山全集(卷5),战后太平洋问题序.北京:中华书局,1985

为了反对帝国主义的侵略　我们一定要建立强大的海军

——1953年2月毛泽东首次视察海军舰艇部队并题词

我们除了继续加强陆军和空军的建设外,必须大搞造船工业,大量造船,建立"海上铁路",以便在今后若干年内建立强大的海上战斗力量。

——1958年6月21日,毛泽东在中央军委扩大会议上强调(摘自《光明日报》1999年8月6日)

建立一支强大的具有现代作战能力的海军

——1979年中央军委主席邓小平登上"济南"舰时题词

为人类和平利用南极做出贡献

——1984年10月15日中央军委主席邓小平为南极考察题词

建设强大海军　发展我国的海洋事业

——1959年11月刘少奇为海军题词

为建设强大的人民海军而奋斗

——1957年周恩来为海军题词

发展海洋事业　振兴国家经济

——1987年8月30日国家主席李先念为国家海洋局题词

考察南极　造福人类

——1987 年 8 月 31 日国家主席李先念为南极考察题词

振兴海业　繁荣经济

——1994 年 7 月 22 日江泽民总书记为国家海洋局成立 30 周年题词

开发和利用海洋，对于我国的长远发展将具有越来越重要的意义。我们一定要从战略的高度认识海洋，增强全民族的海洋观念。

——1995 年 10 月江泽民总书记在青岛考察时强调（摘自《中国海洋报》第 1442 期）

开发蓝色国土　发展海洋石油

——1996 年 10 月 18 日江泽民总书记为海洋石油工业题词

管好用好海洋　振兴海洋经济

——1994 年 7 月 22 日李鹏总理为国家海洋局成立 30 周年题词

江河湖海　大有作为

——1984 年 11 月 4 日李鹏总理在“全国江河湖海仪器技术交流产品展览会”题词

发展海洋事业是中国的长期战略任务。

——1997 年 9 月 19 日李瑞环副总理在接见第 24 届世界和平大会中外代表时的讲话（摘自《人民日报》1996 年 11 月 19 日）

探索海洋奥秘　发展蓝色产业

——1994年7月22日军委副主席刘华清为国家海洋局成立30周年题词

是否具有海洋观念，关系国家民族兴衰……历史昭示我们，是否具有海洋观念、重视海防建设，对于国家民族的兴衰荣辱至关重要，我们要从战略的高度来认识海洋，大力增强全民族的海洋观念，要按照我们宪法的要求，维护我国海洋权益和海上安全，建立巩固的海防。

——1994年8月17日军委副主席刘华清在海军纪念甲午战争100周年学术研讨会上的讲话（摘自《甲午海战与中国海防：纪念甲午海战100周年学术研讨会论文集》，北京：解放军出版社，1995）

发挥遥感优势，开发海洋资源

——1986年1月28日国务委员方毅为全国海洋遥感技术展览会题词

开发黄金海岸，造福亿万人民

——1987年1月国务委员康世恩为全国海岸带和海洋资源综合调查展览会题词

研究开发海洋，延伸活动空间，是中华民族面临的紧迫任务。

——1989年5月30日国家科委主任宋健为《中国海洋报》创刊题词

* * *

我们从小接受的教育是中国有960万平方公里的国土,但这里没有包括300多万平方公里的海洋国土。国土意识误导几十年,这是因为海洋国土一直没有受到应有的重视。回想中国数百年来受外强欺凌,最主要的是海不强。郑和曾说过,“国家欲富强,不可置海洋于不顾”。作为中国海洋大学的教育工作者,有责任有义务让中国人知道海洋的重要性,增强国民的“蓝色国土”意识。改革开放以来,中国在开发海洋资源、维护海洋权益、维护海洋安全方面取得不少进展,但相比发达国家,我国的海洋科学、海洋技术、海洋资源的利用还比较落后。强国必先强海,因为它既有潜在的价值,又是非常现实的需要。

——2006年3月中国工程院院士、海洋生物学家麦康森接受两会记者访谈(摘自中国海洋大学新闻网,http://news.ouc.edu.cn/news/Article/2006-03-30/20060330092603.html)

我们的海洋权益,远远不是我国周边海域这一小块的问题,包括在公海面、深海大洋面、南北极地区,并且在其他国家的海域面,我们也有海洋权益。讨论我国海洋权益、研究和制定我国海洋战略时,要有全球眼光,不要仅仅盯住近海这一小块。

——国家海洋局海洋发展战略研究所海洋法研究室代理主任吴继陆副研究员在中评社2011年8月举办的中国海洋权益与海洋战略座谈会上的发言(摘自《中国评论》2011年8月号)

江泽民说:“中国是一个陆地大国,也是一个濒海大国……中国人均陆地面积仅为世界人均陆地面积的四分之一,陆地人均资源占有量大大低于世界人均水平。随着时间的推移，中国陆地资源短缺的情况变得突出起来，势必制约经济的发展。我们一方面要大力提倡节约和保护资源，另一方面要寻找和开发新的资源。可以肯定，开发和利用海洋对于中国的长远发展将具有越来越重要的意义。”

——刘新华，秦仪.论中国的海洋观念和海洋政策.毛泽东邓小平理论研究，2005，(3)

江泽民等同志适时地提出，中华民族应该确立一种“大时空”海洋意识，即在时域意识方面，要充分认识到我国跨世纪的海洋事业，尤其是对海洋的开发利用要立足于可持续发展，决不能吃祖宗饭，断子孙路；在空域意识方面，则应根据《联合国海洋公约》的有关规定，进一步确立经略海洋的战略意识，向内水、领海、专属经济区、大陆架、公海和国际海底等各个领域进军。

——黄金声，唐复全，徐明善.中华民族迈向新世纪的海洋战略思维——我国三代领导人关于新时期海洋战略的重要决策和论述.海洋开发与管理，2000，(1)

海洋是资源宝库，海洋是我们的生产和发展的战略空间，海洋是世界运输的通道，海洋又是全球气候环境的调节器，海洋是国际政治、军事、经济、文化、外交斗争和合作的舞台。

我们制定和实施海洋发展战略，至少要考虑六个方面，第一，提供法律支撑……第二，制定好中长期发展规划……第三，强化高技术引领……第四，优化新兴产业和布局……第五，改革管理体制……第六，强化海上安全保障……

——全国人大代表、南京军区原司令员朱文泉 2011 年 3 月 11 日做客中国军网、国防部网“两会会客厅”嘉宾访谈录(http://www.

chinamil.com.cn)

中国海洋发展大战略是一个系统的战略体系，它应该是包括海洋经济、海洋政治、海洋管理、海洋法律、海洋科技、海洋安全、海洋社会(文化)等子战略，并彼此相互联系的系统的战略体系。

海洋经济战略的功能在于通过海洋开发与利用，促进经济繁荣和社会的可持续发展；海洋政治战略的目标在于处理国际关系领域的海洋矛盾，服务于维护国家海洋权益的总体外交战略和军事战略；海洋管理战略的功能在于借助计划、组织、领导和控制等手段，实现对海洋开发利用活动中各种资源的合理配置；海洋法律战略的功能在于海洋法律制度的建设与完善，服务于国际和国内海洋秩序的建立与完善；海洋科技发展战略的功能在于寻求海洋发展的科学技术支撑，并协调科技与海洋发展之间的关系；海洋安全战略的功能在于应对海洋领域的传统军事安全以及形形色色的非传统安全威胁；海洋社会(文化)战略的功能在于继承和借鉴人类历史上海洋社会活动的经验与教训，构建人类与海洋互动关系的良性模式。

海洋发展大战略的各子战略之间应该是相互融通、渗透与互补的关系，并服务于海洋发展大战略目标的实现。

——上海外国语大学中东研究所副所长刘中民. 如何构建中国海洋大战略. 东方早报，2011-07-18

海洋与中国的发展有着密切联系。中国海上力量的发展，包括海洋贸易、海洋经济等各方面的发展，反映了国家的兴衰。例如唐、宋、明时期，我国的经济、技术等处于世界领先地位，此时，我国海上经济的发展、海上力量的发展也是非常发达的。清代康乾盛世时期，中国与东南亚的贸易极为频繁，我国在这些地区从事商业活动的人口数量很多。19 世纪 30 年代，传教士郭实腊在他的游记中记述，在当时的泰国，有很多中国人在那里生活，在有些地区超过当地的土著人。这些人中绝大多数人是从事海上贸易的。

中国的衰落是从海上开始的。由于封建统治者的限制，中国的海上贸易、航海科技、海军发展受到严重影响。1840 年，中英鸦片战争爆发，中国战败，签订了《南京条约》。这是中国与西方列强签订的第一个不平等条约，标志着中国近代史的开端，中国开始沦为半封建半殖民地社会。1895 年，中日甲午战争，当时亚洲第一大水师北洋水师全军覆没，中国战败，割地求和，签订了丧权辱国的《马关条约》，大大加深了中国的半殖民地地位。1900 年，八国联军入侵，列强迫使中国签订《辛丑条约》，中国彻底沦为半殖民地。

——中国社科院中国边疆史地研究中心助理研究员侯毅博士在中评社 2011 年 8 月举办的中国海洋权益与海洋战略座谈会上的发言(摘自《中国评论》2011 年 8 月号)

当今世界，全球大部分经济活动集中在沿海地区，很多大城市位于沿海地区，众多人口也居住在沿海地区。海洋历来是国家的门户、安全的屏障和兵家必争之地，对世界政治军事格局的影响很大。进入新世纪以来，世界一些主要国家开发海洋的步伐明显加快。2001 年联合国大会宣布，21 世纪是海洋世纪，这为人类向海洋进军展示了新的前景。

——国务院研究室副主任宁吉. 发展海洋经济. 经济日报，2010-10-30

我国海洋事业发展中还存在着一些不容忽视的矛盾和问题。一是海洋经济增长方式依然粗放，产业结构不尽合理，经济布局亟待优化。二是海洋科技整体水平仍不高,创新能力不强,关键核心技术掌握不多。三是海洋开发行为不够规范,近海环境恶化趋势尚未得到有效扭转,海洋防灾减灾形势相当严峻。四是海洋公益服务能力不足,政策法规还需进一步完善,维护海洋权益的任务十分艰巨。五是海洋意识还有待提高,各方面对海洋的了解还不足。

——国务院研究室副主任宁吉.发展海洋经济.经济日报,2010-10-30

促进海洋事业又好又快发展,应当加强规划引导。要按照中央关于制定国民经济和社会发展"十二五"规划建议的总体部署,抓紧研究编制相应的海洋经济和海洋事业发展规划,进一步明确我国海洋发展的战略思路,明确海洋开发的指导思想、主要目标、重点任务和重大措施,明确海洋生态环境和资源保护的目标任务,明确海洋经济区域布局的要求和沿海地区海洋经济发展的原则。沿海地区应把海洋经济和海洋事业的发展目标与政策措施更好地纳入本地国民经济和社会发展中长期规划,加大海洋投入力度,构建"海陆互动"的工作布局。内陆地区也应在规划制定和实施中重视海洋事业发展有关工作,积极参与和支持海洋开发。中央有关部门应履行职责,相互配合,加大投入,加强指导,努力形成海洋经济和海洋事业发展的合力。

——国务院研究室副主任宁吉.发展海洋经济.经济日报,2010-10-30

邓小平设置经济特区,就是坚持不动摇地把陆地文明推进到海洋文明的方向。他非常清楚南海,又称南中国海,是中华民族文明由陆地文明向海洋文明前进的大方向,所以,中国最早开放改革的四个经济特区都设置于南海之滨。1988 年又把东海之滨的浦东新区看作另一个重要的经济特区进行开发，并要把它作为社会主义时代太平洋西岸最大的经济贸易中心来进行建设。

——广东省委党校丘立才教授博客.经济特区海洋文明方向的意义.2010年，http://qlc9youname.colee.com

1984年5月，根据邓小平的倡议而采取的对外开放的又一战略决策，国务院将大连、秦皇岛、天津、烟台、青岛、连云港、南通、上海、宁波、温州、福州、广州、湛江、北海等14个沿海城市批准为全国首批对外开放城市。将渤海、黄海、东海、南海沿海14个城市作为对外开放城市，这是向海洋文明全面建设发出的进军号。1988年4月海南岛从广东分离出来建立海南省，并已建设成为省级的经济特区，也是全国唯一的。这一举措不但对南中国海周边的国家影响巨大，对世界影响也不小，这是向海洋文明重点建设做出的重大措施。

——广东省委党校丘立才教授博客.经济特区海洋文明方向的意义.2010年，http://qlc9youname.colee.com

直辖市上海浦东新区的开发成功，紧跟着天津滨海新区也建立起来，重庆的两江新区2010年也挂牌了，它虽是内陆但仍通过长江水运而进入东海。东北地区一直想建立图们江经济特区，以图进出日本海的方便，开辟一条走向海洋文明的东北通道，填补无经济特区的空白。但出海障碍在朝鲜和俄国，做好外人的工作尚需时日。幸好朝鲜金正日近日前往该地区考察，或有进展。南海、东海、渤海都有了经济特区，或称新区，日本海也在考虑，唯有黄海尚是空白，本来在江苏连云港设立一个经济特区是应有之义，因为它是欧亚大陆桥亚洲太平洋的起点，又是黄色海洋文明的重要象征。幸而2010年5月在地球最远离海洋的地方，在古代丝绸之路的中间点、欧亚大陆桥

的中心点新疆喀什建立经济特区，这不但对新疆的发展，对西部地区的开发，而且对东海连接咸海、里海、黑海、地中海、阿拉伯海，对太平洋连接大西洋、印度洋，即对陆地文明推向海洋文明，都有着极其重要的意义。

——广东省委党校丘立才教授博客.经济特区海洋文明方向的意义.2010年，http://qlc9youname.colee.com

海洋是现代经济发展的战略资源，开发利用海洋已成为世界经济新一轮发展的主战场。浙江高度重视加快海洋经济发展，适得其时，抓住了加快转变经济发展方式的要害。

——2010年4月6日中科院院士钱正英在浙江沿海地区调研时的讲话（摘自《浙江日报》2010年4月7日第1版）

沿海改革开放是我们国家的第一次大开放，中西部是第二次大开放。第三次大开放到哪去了？一定是走向海洋。所以我们国家的第三次大开发一定是海洋大开发。实现中华民族的伟大复兴是在什么时候完成呢？一定是我们国家至少成为亚太地区海洋强国的时候，到这个时候中华民族的伟大复兴就实现了。

——全国人大代表、南京军区原司令员朱文泉2011年3月11日做客中国军网、国防部网“两会会客厅”嘉宾访谈录（http://www.chinamil.com.cn）

当前的中国，正经历着海洋事业发展的黄金时期。发展海洋经济被列入《国民经济和社会发展第十二个五年规划纲要》，我国的海洋科研、资源勘探和护航船只进入了世界大洋。国家的重视使海洋科技工作者满怀信心去迎接新的挑战。当前的燃眉之急，一是要有战略部署，拓宽视野，描绘宏图；二是海洋科技界要大协作、大联合，协同攻关，共同破解发展难题。

——2011 年 9 月 16 日中国科学院汪品先院士在全国海洋科学技术大会上的致辞（摘自《中国海洋报》2011 年 9 月 21 日 A1 版）

因为我们国家是依法治国，治理海洋也要依法治理海洋。经过这么多年的努力，海洋的立法应该做了很多的工作，也取得了骄人的成绩……

当前最紧迫的就是立一部海洋的母法，我这次提案提出来了，就是就推动《海洋基本法》的立法提了一个议案，现在已经交到主席团了。《海洋基本法》起一个什么作用呢？起一个母法的作用，起一个统领的作用，就是要规范国家海洋发展的战略政策、发展理念，宣示我国对海洋领土的主权和权益的总章，明确我国各类海域的划界和法律地位。

——全国人大代表、南京军区原司令员朱文泉 2011 年 3 月 11 日做客中国军网、国防部网“两会会客厅”嘉宾访谈录（http://www.chinamil.com.cn）

我们国家是个人口大国，但是我们国家同时又是海洋人口的小国。什么叫海洋人口？我的理解就是从事海洋事业的人，包括科研院所、院校、在海上作业的，也包括海上渔民，凡是从事海洋事业的这部分人。这类人我们国家很少，所以是海洋人口的小国。

——全国人大代表、南京军区原司令员朱文泉 2011 年 3 月 11 日做客中国军网、国防部网“两会会客厅”嘉宾访谈录（http://www.chinamil.com.cn）

当前，中国海洋人才匮乏。人才匮乏一方面是因为我们经济社会发展环境的影响，相当一部分人转行了；另一方面是做海洋的问题需要复合型人才，需要对于当代国际政治、历史、国际法等问题都有所掌握，才能够在国际舞台、国际会议上阐述自己的观点，因此，要求很高。

——中国社科院中国边疆史地研究中心助理研究员侯毅博士在中评社 2011 年 8 月举办的中国海洋权益与海洋战略座谈会上的发言（摘自《中国评论》2011 年 8 月号）

培养造就一支规模宏大、结构合理、覆盖面广的海洋人才队伍已成为建设海洋强国的迫切需要。这就要求我们必须把人才作为建设海洋强国的第一资源，对未来十几年人才发展进行总体谋划和设计，明确人才发展的指导方针、战略目标、重点任务和主要举措。通过更好实施海洋人才战略，把我国巨大的海洋人力资源优势转化为人才优势和先进生产力优势，为实现全面完成海洋经济转型升级和建设海洋强国目标提供强有力的人才保证和广泛的智力支持。

——国家海洋局党组成员、人事司司长李春先 2011 年 10 月访谈（摘自《中国海洋报》2011 年 10 月 14 日 A1 版）

* * *

欲国家富强，不可置海洋于不顾。

——中国古代航海家郑和

财富取之于海，危险亦来自于海。

——中国古代航海家郑和

欲防海之害而收其利，非整理水师不可。欲整理水师，非设局监造轮船不可。

——(清代)两江总督兼南洋大臣左宗棠(1812—1885)

譬犹渡河，人操舟而我结筏；譬犹使马，人跨骏而我骑驴，可乎？

——(清代)两江总督兼南洋大臣左宗棠(1812—1885)

谁控制了海洋，谁就控制了世界。

——两千多年前古罗马哲学家西塞罗

谁控制了海权，谁就赢得了未来。

——两千五百多年前古希腊海洋学家狄未斯托克

所有国家的兴衰，决定因素在于海洋控制。

——19世纪美国军事家阿尔弗雷德·塞耶·马汉. 海权论. 北京：外语教学与研究出版社，2007

向海洋进军。

——1960年，法国总统戴高乐

美国必须开发海洋，开辟一个支持海洋学的新纪元。

——1961年，美国总统肯尼迪

21世纪将是海洋开发的世纪。

——20世纪80年代初美国人预言

一个国家想要真正面向海洋，走向海洋，其国民必须要有强烈的海洋意识。这种意识包括对海洋的热爱、了解，同时也包括对海洋的渴望和征服。很难想象：一个不了解、不热爱海洋的民族如何能够激发他们去征服海洋的雄心和胆略。

——19世纪美国军事家阿尔弗雷德·塞耶·马汉.海权论.北京：外语教学与研究出版社，2007

法国人对待海洋并不像英国人和荷兰人一样热衷，也没有他们那样富有成效。其主要原因似乎是由自然条件造成的。法国是一块理想的陆地，气候适宜，物产足以自给自足。而英国与之相反，大自然赐予的很少，在制造业得到发展以前，几乎没有什么东西可供出口。英国人的困窘，加之他们的好动性和有利于海上事业的各种条件，促使英国人到国外去寻找比本国更好和更富有的地方。自然资源的匮乏和民族的特点使他们成为商人和殖民地开拓者、制造商和生产者。产品和殖民地之间的联系必须依靠海运，所以他们的海上力量发展起来了。如果说，英国人是被吸引到海上去的，那么荷兰人到海上去确实迫不得已。离开海洋的英国会变得软弱无力，而离开海洋的荷兰则会灭亡。

——19世纪美国军事家阿尔弗雷德·塞耶·马汉.海权论.北京：外语教学与研究出版社，2007

英国无疑是近代国家中最强大的海上强国，所以英国政府的行为应当首先引起人们的注意。尽管英国政府常常不值得称道，但是各届政府的行动在总的方向上是保持一致的。英国政府的目的一直是为了控制海洋。

——19世纪美国军事家阿尔弗雷德·塞耶·马汉.海权论.北

京:外语教学与研究出版社,2007

我们的海洋:国家的资产。主要内容是通过对海洋的经济和就业价值、海洋运输和港口价值、海洋渔业价值、海洋能源、矿藏及各种新兴产业的利用价值、对人类健康和生物多样性的价值、旅游娱乐价值以及非市场价值等的分析评价美国海洋和沿岸财富,从而认识资产及其面临的挑战;了解回顾过去的海洋工作,制定新的国家海洋政策,并从今大廾始,就要为后代着想,确定国家的木来海洋的前景,说明制定新的海洋政策的重要性。

——中国国家海洋发展战略研究所研究员焦永科.21世纪美国海洋政策的主要内容.中国海洋报,2005-06-17

我国传统上是一个重视陆地的国家,长期以来,我国的海洋发展战略模糊不清,尚无成型的发展战略。这同周边的一些国家,如日本、越南等形成了鲜明的对比。特别是越南,它将海洋作为国家发展的命脉。我们只要翻一翻越南的报纸,越南领导人的讲话、党和国家的重要会议等,到处都能看到与海洋战略有关的内容。海洋发展战略已被写入越南党和国家重要的决议案中。

——中国社会科学院中国边疆史地研究中心助理研究员侯毅博士在中评社2011年8月举办的中国海洋权益与海洋战略座谈会上的发言(摘自《中国评论》2011年8月号)

世界各国先后都发布了海洋发展战略,也叫海洋战略。有20多个国家发布了海洋战略。它们也都是强调围绕海洋的主权、海洋的权益、海洋资源的开发、利用等,主要是还想通过发布海洋战略,加强对海的占有和控制。这个对我们国家来说,就存在着潜在的挑战。

海上权益的争夺使我们的形势很紧迫。海上的遏制和威胁，世界上挤压我们的战略空间，对我们的安全形势带来严重的影响。

——全国人大代表、南京军区原司令员朱文泉 2011 年 3 月 11 日做客中国军网、国防部网“两会会客厅”嘉宾访谈录(http://www.chinamil.com.cn)

如何充实和完善中国的海洋战略，我想提出这样几点思路：首先一点，应当从战略的高度，或者从国家长治久安，从维护社会稳定这样一个大的高度来认识这个海洋，加快构建新时期中国的海洋战略……

中国在这方面应该充分借鉴美日等海洋强国的经验和做法。你看无论是俄罗斯、美国、日本，包括韩国、印度，实际上都有相应的海洋战略。

——中国现代国际关系研究院研究员、海洋战略研究中心副主任王珊博士在中评社 2011 年 8 月举办的中国海洋权益与海洋战略座谈会上的发言(摘自《中国评论》2011 年 8 月号)

2003 年和 2004 年，美国政府为提高海洋科技创新力和竞争力，出台一系列新政策。2003 年和 2004 年，皮尤海洋委员会(Pew Ocean Commission)和美国海洋政策委员会先后公布《规划美国海洋事业的航程》和《21 世纪海洋蓝图》。两项政策报告向美国政府提出 200 多项海洋科技创新体系和海洋管理水平建议。美国政府对此做出积极响应，于 2004 年发布《美国海洋行动计划》。

——2011 年 4 月 29 日国家海洋局发布的《中国海洋发展报告 2011》

欧盟制定《海洋综合政策》。2007 年 10 月 10 日，欧盟通过了《欧洲海洋综合政策》和《行动计划》，指出："海洋科学、技术及研究对海上活动的可持续发展起着至关重要的作用。欧洲需要探索科学研究如何更好地为创新做贡献，如何更有效地将知识和技能转化为工业产品和服务。"

——2011年4月29日，国家海洋局发布的《中国海洋发展报告2011》

加拿大出台《海洋发展战略》。2002年7月，加拿大出台了《加拿大海洋发展战略》，加深对海洋的研究是重要措施之一。《加拿大海洋战略》提出，未来加强海洋的管理，必须进一步观测、研究、调查和分析海洋。

——2011年4月29日，国家海洋局发布的《中国海洋发展报告2011》

日本出台《海洋基本计划》。2008年3月18日，日本政府批准《海洋基本计划》，这是2007年7月实施的《海洋基本法》基础上确定的具体政策实施步骤，该计划的有效期为五年。

——2011年4月29日，国家海洋局发布的《中国海洋发展报告2011》

越南要成为"具有强大海洋能力"的海洋强国。2007年1月召开的越南共产党十届四中全会讨论并通过《至2020年海洋战略规划》，要求通过该规划的实施，使越南成为"海洋强国"，并强调"在保卫和建设我们国家的事业中，海洋具有十分重要的地位和作用。与国家经济社会发展、国防安全保障和环境保护有着密切联系，影响巨大"。《至2020年海洋战略规划》是越南海洋战略的纲领性文件，成为具有

“强大海洋能力”的“海洋强国”是越南海洋战略的发展方向。

——上海国际问题研究院亚太研究中心主任、国际战略研究所研究员马婴.试析东盟主要成员国的海洋战略.东南亚纵横,2010,(9)

印度尼西亚的海洋战略:维护国家统一和领土完整。印度尼西亚由17508个岛屿组成,海洋战略的目标是维护国家的统一和领土的完整。对印尼来说,自国家独立以来就始终受到国内冲突、国家间冲突、跨国犯罪活动等三种主要威胁。国内冲突包括亚齐、西巴布亚和马鲁古的动乱以及分离主义活动。国家间冲突虽然发生的可能性很小,但仍然存在,因为印尼与马来西亚、菲律宾等邻国有领土争端和边界水域划分问题。至于跨国犯罪活动,由于印尼在印度洋和太平洋、亚洲和大洋洲之间,所有东西方向和南北方向的海上交通都经过其水域,海上运输又是开放的,可以从各个方向进入除西巴布亚和北加里曼丹以外的印尼所有岛屿,很容易成为贩卖毒品、走私武器等跨国犯罪活动的中转站和目的地。因此,早在1945年,印尼就在制定的宪法里强调建立海权以保护国家的统一和领土完整。

——上海国际问题研究院亚太研究中心主任、国际战略研究所研究员马婴.试析东盟主要成员国的海洋战略.东南亚纵横,2010,(9)

马来西亚海洋战略:实现工业化国家的重要组成部分。马来西亚的愿景是在2020年实现工业化,海洋是其中的一个重要组成部分。马来西亚为此要求促进海洋经济的可持续发展,建立世界一流的海洋科技。

——上海国际问题研究院亚太研究中心主任、国际战略研究所研究员马婴.试析东盟主要成员国的海洋战略.东南亚纵横,2010,(9)

菲律宾海洋战略:建成东亚海洋强国。作为群岛国家,菲律宾位于连接东南亚和东北亚的主要国际通道上,全世界一半以上的货运商船经过这些航道。菲律宾海洋战略的目标是建成东亚的海洋强国,利用其地理位置成为东亚地区换乘船只中心和造船、商船人员配置中心以及其他与海洋有关的企业所在地。

——上海国际问题研究院亚太研究中心主任、国际战略研究所研究员马婴.试析东盟主要成员国的海洋战略.东南亚纵横,2010,(9)

新加坡要控制马六甲海峡和新加坡海峡之间的海上通道。新加坡位于世界上最重要的海上通道之一,即马六甲海峡和新加坡海峡的连接处。这条海上通道对其经济繁荣以及由此带来的国内稳定至关重要,因此,虽然领海非常有限,但控制马六甲海峡和新加坡海峡之间的海上通道、维护其安全和自由通航对新加坡不可或缺。此外,新加坡也高度重视其他国际航道的安全和自由通航。

——上海国际问题研究院亚太研究中心主任、国际战略研究所研究员马婴.试析东盟主要成员国的海洋战略.东南亚纵横,2010,(9)

泰国的海洋战略是建立和平的海上环境,这一目标的设定由泰国的地理位置所决定。泰国的东西海岸线加在一起大约是1500公里,但曼谷和其他的主要海港都位于泰国湾,这使泰国70%的进出口货物都必须经过新加坡中转,和平的海上环境对其至关重要。和平的海上环境包括安全和经济两方面内容。在安全上,首先是避免海上冲突,和平解决争端。如果分歧不能解决,尽可能地在有争议地区共同开发或联合巡逻;其次是促进与邻国在各个层面上的海上安全合作。在经济上,确保对外贸易和能源供应通道的安全。

——上海国际问题研究院亚太研究中心主任、国际战略研究所研

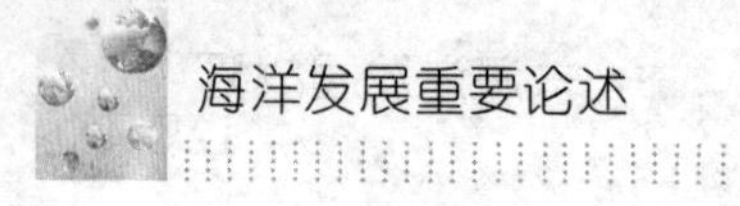

究员马嘤.试析东盟主要成员国的海洋战略.东南亚纵横,2010,(9)

我们的人民坚决认为我们必须在海洋中占有一份,他们的牢固习惯促使他们要求把海洋向他们开放,所奉行的政策必须在尽可能大的程度上使他们利用那个因素。我认为那些受托为选民办事的人有责任遵从他们的意愿。因此,我们必须在商品运输方面,在捕鱼权利方面以及海洋的其他利用方面不遗余力地为他们维护平等的权利。

——[美国]托马斯·杰斐逊.致约翰·杰伊的信.1785年

只有海洋才能造就真正的世界强国。跨过海洋这一步在任何民族历史上都是一个重大事件。

——18世纪德国地理学家拉采尔

无论是宋朝被蒙古所灭,还是忽必烈建立了新王朝,都没有终结中国的海上力量。从1405年到1433年,明朝的皇帝下令进行的海上探险不下七次,在权臣郑和的率领下,几千人乘坐几十艘船,浩浩荡荡地开向远方。与其说此行的目的是贸易远征,不如说是展示中国力量的航行。

——[美国]哈里斯.世界探险史.济南:山东画报出版社,2006

自从18世纪工业革命以来,人类在世界范围经历了前所未有的经济增长。我们的人口增长了5倍以上,我们的寿命比预期翻了一番,我们的年产生物量份额上升了40%。扩张使得那些拥有最大财富的国家将巨大的资源投向武器的开发和部署。这种资源转换导致其他产量的削减。如同软体动物那样,只要经济扩张,这些成本是可以忍受的。然而,我们迟早会达到资源限制点。再循环和高效率会把这个限制点推迟一段时间，但是没有任何物种或社会可以期望经济的永远扩张和增长。只有当我们达到环境负载力时，我们才能合理地期望军费增长在全球范围停止。要管理在全球范围内处于平衡或衰退中的经济，就需要经济学家和政治领导人的眼光发生根本转变。

——[美国]弗尔迈伊.贝壳的自然史.上海：上海科技教育出版社，2002

得益于好朋友和邻居的支持，在相互合作的精神指导下，我们找到了很多良好的政治解决方案，在核心技术上也取得了突破性进展。在早期阶段，大陆板块分割问题就已经得到了和平的解决。依次出现的最后一个问题就是 2005 年春季合约的签订。这一合约将会包括跨界石油和天然气的开发项目，而这些项目还没有纳入现有协议中。而且这些问题的解决方法可供其他存在共同国界问题的国家借鉴。

——2006 年挪威国王哈拉尔在牛津大学的演讲(摘自《最有影响力的声音——英国名校励志演说》，延吉：延边大学出版社，2010 年)

二、海洋经济产业

在我国，海洋经济这个概念最早是由著名经济学家于光远在1978年提出的。他在全国哲学和社会科学规划会议上提出了建立“海洋经济学”学科的建议，并建议建立一个专门研究所。1980年7月，在著名经济学家、中国社会科学院经济研究所所长许涤新亲自指导下，召开了我国第一次海洋经济研讨会，并且成立了中国海洋经济研究会。此时，“海洋经济”这个词才广泛出现在各种专业论文上。但此时还没有一个系统、完整的定义。首次界定海洋经济概念的，是1984年杨金森研究员在论文集《中国海洋经济研究》上的论文。他指出“海洋经济是以海洋为活动场所和以海洋资源为开发对象的各种经济活动的总和。”此概念较好地对海洋经济的外延进行了界定。

——刘曙光，姜旭朝. 中国海洋经济研究30年：回顾与展望. 中国工业经济，2008，(11)

海洋产业是人类开发利用海洋、海岸带资源和空间所进行的生产和服务活动，是涉海性的人类经济活动。涉海性表现在以下五个方面：直接从海洋中获取产品的生产和服务；直接从海洋中获取的产品的一次加工生产和服务；直接应用于海洋和海洋开发活动的产品的生产和服务；利用海水或海洋空间作为生产过程的基本要素所进行的生产和服务；与海洋密切相关的科学研究、教育、社会服务和管理。

——姜旭朝主编.中华人民共和国海洋经济史.北京:经济科学出版社,2008

根据国家海洋行业标准《海洋经济统计分类与代码》,将海洋产业划分为15个大类、54个中类、107个小类。15个大类是:海洋农、林、渔业;海洋采掘业;海洋制造业;海洋电力和海水利用;海洋工程建筑业;海洋地质勘查业;海洋交通运输业;海事保险业;海洋社会服务业;滨海旅游业;海洋信息咨询服务业;海上体育业;海洋教育和文化艺术业;海洋科学研究与综合技术服务业;国家海洋管理机构。

——徐质斌,牛福增主编.海洋经济学教程.北京:经济科学出版社,2003

海洋产业的构成:

(1)海洋水产业,包括海洋渔业、海洋渔业服务、海洋水产品加工等;

(2)海洋油气业,包括海洋石油和天然气开采、海洋石油和天然气开采服务等;

(3)海洋矿业,包括海滨砂矿采选和土砂石开采、海底地热和煤矿开采、深海采矿等;

(4)海洋船舶工业,包括海洋船舶制造、海洋固定及浮动装置制造等;

(5)海洋盐业,包括海水制盐、海盐加工等

(6)海洋化工业,包括海盐化工、海藻化工、海水化工、海洋石油化工等制造等;

(7)海洋生物医药业,包括海洋保健品制造、海洋药品制造等;

(8)海洋工程业,包括海上工程、海底工程、海岸工程等;

(9)海洋电力业,包括海洋电力生产、海滨电力生产、海洋电力供应等;

(10)海水淡化与综合利用业,包括海水淡化、海水直接利用等;

(11)海洋交通运输业,包括海洋旅客运输、海洋货物运输、海洋港口运输、海洋管道运输、海洋运输辅助活动等;

(12)滨海旅游业,包括滨海旅游住宿、滨海旅游经营服务、滨海旅游与娱乐、滨海旅游文化服务等;

(13)海洋信息服务业,包括海洋卫星遥感服务、海洋电信服务、海洋图书馆与档案馆、海洋计算机服务、海洋出版服务等;

(14)海洋环境监测服务,包括海洋环境监测与预报服务、海洋灾害预警预报服务等;

(15)海洋保险与社会保障业,包括海洋保险、海洋社会保障等;

(16)海洋科学研究业,包括海洋基础科学研究、海洋工程技术研究等;

(17)海洋技术服务业,包括海洋专业技术服务、海洋工程技术服务、海洋科技交流与推广服务等;

(18)海洋地质勘察业,包括海洋矿产地质勘察、海洋基础地质勘察、海洋地质勘察技术服务等;

(19)海洋环境保护业,包括海洋自然环境保护、海洋环境治理、海洋生态恢复等;

(20)海洋教育,包括海洋中等教育、海洋高等教育、海洋职业教育等;

(21)海洋管理,包括海洋综合管理、海洋安全管理检查、海洋经济管理等;

(22)海洋社会团体与国际组织,包括海洋社会团体、海洋国际组织等。

海洋相关产业的构成：

(1)海洋农林业，包括海涂农业、海涂林业、海洋农林服务业等；

(2)海洋设备制造业，包括海洋渔业专用设备制造、海洋船舶设备及材料制造、海洋石油生产设备制造、海洋矿产设备制造、海盐生产设备制造、海洋化工设备制造、海洋制药设备制造、海洋电力设备制造、海水利用设备制造、海洋交通运输设备制造、滨海旅游娱乐设备制造、海洋环境保护专用仪器设备制造、海洋服务专用仪器设备制造等；

(3)涉海建筑与安装业，包括涉海建筑与安装等；

(4)涉海产品及材料制造业，包括海洋渔业相关设备制造、海洋石油加工产品制造、海洋化工产品制造、海洋药物原药制造、海洋电力器材制造、海洋工程建筑材料制造、海洋旅游工艺品制造、海洋环境保护材料制造等；

(5)涉海产品批发与零售业，包括海洋渔业批发与零售、海洋石油产品批发与零售、海盐批发、海洋化工产品批发、海洋医药保健品批发与零售、滨海旅游产品批发与零售、海水淡化产品批发与零售等；

(6)涉海服务业，包括海洋餐饮服务、海洋渔港经营服务、滨海公共运输服务、海洋金融服务、涉海特色服务、涉海商务服务等。

——何广顺，王晓惠主编. 海洋经济统计论文汇编. 北京：海洋出版社，2009

海洋经济最具投资前景六大产业榜单上榜理由

海洋物流业：随着国际贸易形势趋好和航运价格恢复性增长，海洋物流业迅速回暖。2010 年，我国海洋物流业全年实现增加值 3816 亿元，比上年增长 16.7%。

打造大宗商品交易市场，是培育海洋经济发展核心竞争力的重要途径。一批大宗商品交易市场脱颖而出，宁波、舟山都把构筑大宗商品交易市场平台放在海洋经济发展中的突出位置。

海洋船舶工业：当前，我国已成为世界第二大造船国，正处于造船大国向造船强国转变的关键时期。我国造船完工量及新承接船舶订单量大幅增长，海洋船舶工业继续保持较快增长，2010 年实现增加值 1182 亿元，比上年增长 19.5%。

未来，海洋船舶工业要突出主业、多元经营、军民结合，由造船大国向造船强国稳步发展。形成环渤海船舶工业带和以上海为中心的东海地区船舶工业基地、以广州为中心的南海地区船舶工业基地。重点发展超大型油轮、液化天然气船、液化石油气船、大型滚装船等高技术、高附加值船舶产品及船用配套设备，同时稳步提高修船能力。

海洋油气业：我国继续加大海洋油气勘探开发力度，多个油气田陆续投产，海洋石油天然气产量首次超过 5000 万吨。海洋油气业高速增长，全年实现增加值 1302 亿元，比上年增长 53.9%。重点建设面向珠江三角洲、长江三角洲、环渤海经济圈的南海、东海、渤海天然气田，逐步形成三个区域性市场供应体系。规划建设国家石油战略储备基地，鼓励发展商业石油储备和成品油储备也已成为发展海洋经济的重要战略之一。

滨海旅游业：中国滨海旅游业正处于快速发育的“少年期”。2010 年实现增加值 4838 亿元，比上年增长 7.9%。受经济社会发展水平和旅游业发展阶段等影响，中国滨海旅游业与世界水平还有较大差距。这从另一方面说明，中国滨海旅游业拥有很大的发展空间和潜力。

国家海洋局下发的“海十条”(《关于为扩大内需促进经济平稳较

快发展做好服务保障工作的通知》),提出对适宜开发的海岛选择合理的开发利用方式。同时,推进无居民海岛的合理利用,单位和个人可以按照规划开发利用无居民海岛,鼓励外资和社会资金参与无居民海岛的开发利用活动,此政策将加快滨海旅游业的发展。

海洋渔业:全国海洋渔业保持平缓增长,海水养殖产量稳步提高。全年实现增加值 2813 亿元,比上年增长 4.4%。海洋渔业将积极发展水产品精深加工业,对产业结构进行调整,以水产品保鲜、保活和低值水产品精深加工为重点,搞好水产品加工废弃物的综合利用。提高加工技术水平,搞好水产品加工的清洁生产。结合水产品远洋捕捞、养殖业区域布局,建设以重点渔港为主的集交易、仓储、配送、运输为一体的水产品物流中心。

海洋生物医药:生物技术产业是 21 世纪最具发展前途的朝阳产业。海洋生物技术产业作为生物技术产业类群的一个分支,由于其丰富的海洋资源保障,越来越多地得到各国的重视和关注。2010 年实现增加值 67 亿元。当前,海洋生物医药等现代海洋生物技术产业已成为世界医药功能食品开发研究的热点,在海洋生物活性物质中寻找抗病毒、抗肿瘤特效药,已成为国内外研究开发的方向,其产业发展也已初具规模。

——俞越.海洋经济最具投资前景六大产业.浙商,2011,(8)

据预测,海洋产业在 2020 年左右将分为四个层次:第一个层次是海洋交通运输业、海洋旅游业、海洋渔业、海洋油气工业:第二个层次是海水直接利用、海洋生物工程、海盐业及盐化工业;第三个层次是海水淡化、海洋能利用、滩涂和浅海湾增养殖业、海水化学资源利用、滨海采矿业;第四个层次主要是海洋空间利用,其中大型海上工程为骨干的产业,如海底隧道、人工岛建设、跨海大桥、海上机场、游

乐场以及海上城市等。

——徐质斌，牛福增主编.海洋经济学教程.北京：经济科学出版社，2003

* * *

我国海洋经济发展现状：

(1)推进了一批高新技术的转化应用，提高了海洋开发意识。国家和地方大力推进海洋生物资源开发、海水综合利用、海洋油气和矿产资源勘探开发、海岸带资源环境保护等方面的科技攻关，开发并转化了一批高水平的技术成果和产品，取得了显著的经济效益，调动了沿海地区开发海洋、发展海洋产业的积极性。(2)实践了多种产学研紧密结合的科技兴海模式，加快了海洋科技进入经济主战场的步伐。通过示范引导，推动企业、高等院校、科研院所等联合开展科技兴海工作，先后建立了16个全国科技兴海示范基地、8个技术转移中心以及28个省级示范基地，培育了一批海洋龙头企业，显著提高了技术开发、转化、咨询和服务能力。(3)促进了传统产业优化升级，培育和发展了新兴海洋产业。水产养殖、加工等产业快速发展，渔业结构得到优化，盐业产品逐步多样化，交通运输业国际竞争能力明显增强。海洋油气、海水利用及海洋生物医药等产业不断发展壮大，在海洋产业中的比重逐年增加，有力地促进了沿海地区产业结构调整。(4)推动海洋经济持续快速增长，增加了就业人数。2001年到2007年，海洋生产总值从9301亿元增长到24929亿元，占国内生产总值的比重从8.48%增长到10.11%，海洋经济在国民经济中的地位进一步突出；海洋经济布局和产业结构进一步优化，同时拉动了沿海地区劳动就业的稳步增长。

——2008年9月国家海洋局、科技部《全国科技兴海规划纲要(2008—2015年)》

2009年全国海洋生产总值31964亿元,比上年增长8.6%,略低于同期国民经济增长速度。海洋生产总值占国内生产总值的9.53%,占沿海地区生产总值的15.5%。其中,海洋产业增加值18742亿元,海洋相关产业增加值13222亿元。海洋第一产业增加值1879亿元,海洋第二产业增加值15062亿元,海洋第三产业增加值15023亿元。海洋经济三次产业结构5.9∶47.1∶47.0。2009年全国涉海就业人员3270万人,其中新增就业52万人。

——2010年3月国家海洋局公布的《2009年中国海洋经济统计公报》

2010年全国海洋生产总值38439亿元,比上年增长12.8%。海洋生产总值占国内生产总值的9.7%。其中,海洋产业增加值22370亿元,海洋相关产业增加值16069亿元;海洋第一产业增加值2067亿元,第二产业增加值18114亿元,第三产业增加值18258亿元。海洋经济三次产业结构5∶47∶48。据测算,2010年全国涉海就业人员3350万人,其中新增就业80万人。

——2011年3月国家海洋局公布的《2010年中国海洋经济统计公报》

多年来,浙江省委、省政府把发展海洋经济作为一个重要增长点,认真谋划,积极推进,海洋经济发展环境不断改善,综合实力不断跨上新台阶。浙江丰厚的海洋资源、雄厚的海洋产业、灵活的体制机制和浙江人民的创业创新精神,使我们不仅有条件、有基础,更有能力、有信心加快推进海洋经济发展带建设。

——2010 年 4 月 6 日浙江省委书记赵洪祝在中国工程院“浙江省沿海及海岛综合开发战略研究”项目调研组交流时的讲话(摘自《浙江日报》2010 年 4 月 7 日第 1 版)

要以胡锦涛总书记“七一”重要讲话精神为指导,深入实施“八八战略”和“两创”总战略,紧紧抓住我省建设国家级海洋经济发展示范区、推进“四大建设”的契机,充分发挥区位优势、产业优势、资源优势和体制机制优势,实行陆海联动,加快转型升级,以大平台拓空间,以大产业促调整,以大项目增后劲,以大企业强实力,努力在新一轮发展中继续走在前列。

——2011 年 7 月 7 日浙江省副省长夏宝龙在宁波调研时的讲话(摘自《浙江日报》2011 年 7 月 7 日第 1 版)

海洋是人类存在与发展的资源宝库和最后空间。21 世纪,世界各国的战略重点将从太空转向海洋,海洋产业将成为全球经济新的增长点,它呈现出如下五种发展趋势:第一,产值增长高速化;第二,产业结构高度化;第三,产业支撑科技化;第四,能源利用绿色化;第五,竞争合作并存化和开发保护并重化。

——韩立民著. 海洋产业结构与布局的理论和实证研究. 青岛:中国海洋大学出版社,2007

海洋经济的地位不断地上升,已经成为国民经济新的增长点,因为海洋经济具有高产出的特点,但同时它也需要高投入,也承担着高风险。我们还要看到,海洋经济、海洋产业是以高技术来引领的,归纳起来可以讲海洋经济是四高:高技术、高投入、高产出、高风险。

——全国人大代表、南京军区原司令员朱文泉2011年3月11日做客中国军网、国防部网“两会会客厅”嘉宾访谈录(http://www.chinamil.com.cn)

海洋是沿海地区的最大优势。要把潜在的海洋优势变为经济优势,必须实行海陆整体发展战略,并将其纳入国民经济发展的计划,同步发展,统一配置生产要素。要下海开发海洋初级产品,上陆进行精深加工,提高附加值,逐步形成具有海洋特色的产业群。同时要向内陆扩散海洋产品,吸纳内陆的劳动力。这样既发展海洋经济,又带动陆地经济,实现海陆经济的共荣。

——孙斌,徐质斌主编.海洋经济学.青岛:青岛出版社,2000

随着经济发展和人均收入水平的提高,对海洋产品与服务的需求将不断增长,海洋经济发展的潜力巨大。在新的形势下,促进海洋产业发展,需要坚持以企业为主体、以科技为支撑、以市场为导向、以改革开放为动力,加强政策引导与支持,促进海洋三次产业协调发展,实现海陆资源互补、海陆产业互动和海陆经济一体化,提高海洋经济发展质量和效益。应制订并实施海洋产业发展指导目录,加快发展海洋油气、海上交通运输、滨海旅游等产业,着力提升海洋渔业、海洋养殖、海洋化工等产业发展水平,推动海洋生物医药、海洋可再生能源、海洋工程等产业有序发展,积极培育海洋领域战略性新兴产业。加强渔港等港口建设,推进海底隧道、跨海桥梁、海底光缆、供水装置等基础设施建设,促进产业结构优化升级。还应优化海洋经济空间布局,继续推进海岸带及邻近海域综合经济区建设,推进滨海地区产业结构调整,发挥各地比较优势,形成各具特色的沿海经济区。

——国务院研究室副主任宁吉.发展海洋经济.经济日报,2010-10-30

* * *

● 海洋渔业

在沿海发展生态渔业很好。山东海域面积辽阔，海洋资源丰富，发展海洋经济大有可为。要充分利用这一优势，科学开发海洋资源，大力发展海洋产业，同时还要保护好海洋环境，使海洋经济真正成为山东经济的重要增长极。

——2009 年 10 月 18 日胡锦涛总书记在东营市现代生态渔业示范区进行视察时的讲话（摘自《人民日报》2009 年 10 月 20 日第 1 版）

渔业是海岛渔区国民经济的基础，渔业发展事关渔民增收、渔农村和谐稳定，事关我省“海洋大省”建设的大局。海岛渔区要巩固渔业的基础地位，加强对渔业发展的总体规划，着力转变渔业发展方式，努力实现从传统渔业向现代渔业、从主要依靠渔业一产增收向渔业二、三产增收的转变，加快建立现代化渔业基地。

——2007 年 11 月 28 日，浙江省副省长夏宝龙在舟山调研时的讲话（摘自浙江在线新闻网站 http://www.zjol.com.cn/05zjnews/system/2007/11/28/009008747.shtml）

我国渔业具有高生产效率、高生态效率的特点，碳汇渔业在生物碳汇扩增战略中占有显著地位，在发展低碳经济中具有重要的实际意义和很大的产业潜力。发展碳汇渔业是一项一举多赢的事业，不仅为百姓提供更多的优质蛋白，保障食物安全，同时，对减排 CO_2 和缓解水城富营养化有重要贡献。“碳汇渔业”这一提法应更多理解为

"发展的理念",期望它能成为推动渔业,特别是海水养殖业新一轮发展的驱动力,成为发展绿色的、低碳的新兴产业的示范。

——中国工程院院士唐启升. 碳汇渔业与海水养殖业——战略性新兴产业. 中国渔业报,2010-11-29

预计到 2030 年,我国海水养殖产量将达到 2500 万吨。按照现有贝藻产量比例计算,海水养殖将每年从水体中移出大约 230 万吨碳;而 2030 年以后,我国海洋渔业产量的增长将主要依赖环境友好型的增养殖渔业模式发展和规模化的海藻养殖工程建设,海洋渔业产量的增长将进一步带动渔业碳汇的增加;到 2050 年,我国海水养殖总产量预计达到 3500 万吨,其中海藻养殖产量将突破 1000 万吨(干重),海水养殖碳汇总量可达到 400 多万吨,其中贝类固碳 180 万吨,藻类固碳 235 万吨。因此,我国碳汇渔业的发展对我国和世界食物安全和减少二氧化碳等温室气体的排放都将做出重大贡献。

——中国工程院院士唐启升. 碳汇渔业与海水养殖业——战略性新兴产业. 中国渔业报,2010-11-29

世界渔业的结构性变化:近 30 年,世界渔业的总产量趋升,由 1980 年的 7200 万吨增至 2007 年的 1.4 亿吨。增产速度在 20 世纪 80 年代和 90 年代较快,但至 21 世纪以来趋缓。由于过度捕捞和环境影响,世界渔业捕捞产量于 2000 年达到峰值,其后呈递减态势,而世界养殖产量则稳步显著递增。

——2011 年 4 月 29 日国家海洋局发布《中国海洋发展报告 2011》

世界人均食鱼量从 20 世纪 60 年代的 9.9 千克递增至 2005 年的 16.4 千克,平均增速与世界食用粮增速基本持平。海鱼的营养和

保健价值受到日益广泛的关注。渔业对增加就业的贡献也不可忽视。2006年,世界直接从事捕捞和养殖的全职和兼职的人数为4350万人,占世界从事农业生产13.7亿人的3.2%,不定期从事渔业人数为400万人。如按每一直接从事渔业者创造3个间接渔业就业机会,世界直接和间接从事渔业的总人数可达1.7亿人。据估算,他们维系着世界5.2亿人的生计。

——2011年4月29日国家海洋局发布《中国海洋发展报告2011》

海洋渔业在世界渔业中占主导地位。1980年至2007年间,在世界水产总量中,海洋渔业的份额从89%递减为71%,内陆渔业的份额从11%递增为29%,两者的变化幅度达18个百分点。这种趋势可能还将持续,但最终是否会改变海洋渔业的主导地位,现尚难断言。1980年以来,海洋捕捞量在世界水产捕捞总量的占比缓步递减,而陆地养殖产量在世界水产养殖总产量的占比却在缓递增。

——2011年4月29日国家海洋局发布《中国海洋发展报告2011》

提升发展现代海洋渔业。加强渔船网具管理,控制近海捕捞强度,优化捕捞结构,实施海洋捕捞渔船转型升级示范工程。扶持壮大远洋渔业,完善配套服务体系。积极发展生态高效养殖,建设一批生态型水产养殖园区。大力发展水产品精深加工和物流贸易,强化水产品专业市场升级改造,强化水产品质量检验。继续推进标准渔港建设。

——2011年1月21日浙江省十一届人大四次会议审议通过的《浙江省“十二五”规划纲要》

• 海洋油气业

胡锦涛总书记在海洋石油工程(青岛)有限公司考察时,对企业干部职工说，海洋石油工业发展前景十分广阔。要加强自主创新，做好技术储备，为将来的更大发展积蓄力量，在开发海洋石油资源、确保我国能源安全方面发挥更大作用。

——摘自胡锦涛总书记在山东考察工作纪实，《人民日报》，2009年4月25日第1版

十届全国政协副主席、中国工业经济联合会会长徐匡迪，以及近百名专家、学者及业界人士出席"第三届中国海洋油气装备发展战略论坛"时，一致认为，在陆上经济日趋饱和的趋势下，海洋经济将成为我国可持续发展的新阶梯；在陆上石油、天然气开发不足以支撑经济增速的情况下，海底资源将成为我国新的经济增长点。因此，应进一步加快发展海洋工程技术装备，积极培育海洋工程装备产业，实现装备工业调整振兴。

——记者武少民，《人民网》(2010年9月4日)

2010年我国继续加大海洋油气勘探开发力度，多个油气田陆续投产，海洋石油天然气产量首次超过5000万吨。海洋油气业高速增长，全年实现增加值1302亿元，比上年增长53.9%，成为增速最快的海洋产业。

——2011年3月3日国家海洋局发布《2010年中国海洋经济统计公报》

发展海洋油气装备制造业对于当前许多东部地区来说具有很好的带动作用，形成新的增长点，将带动我国钢铁、机械、有色、造船、石化、轻纺等多个工业体系部门的发展。因此，把海洋油气事业发展作为带动经济增长的战略性新兴产业是一个明智的选择。

一个国家，尤其是中国，要想成为世界强国，没有强大的海军，没有强大的海洋事业，绝对不可能！而对于中国海洋事业的建设发展来说，油气装备业是基础，从技术提升到基础材料，从设备制造到调试安装，全都是实力的展现，所以我国必须向这方面倾斜和努力。

海洋油气装备不仅涉及海洋油气资源的开发，更关系到地缘政治、未来海洋空间和海底资源的争夺，这已经成为各个国家之间战略竞争的重点。

——丛亚平.尽快从“黄土文明”向“海洋文明”拓展.经济参考报，2010-03-09

“十二五”期间，中国海油的油气开采重心将由浅水向东海、南海深水及南中国海区域转移，计划建立一支作业水深达3000米、吊装能力达1.6万吨、能同时进行2～3个深水油气田海上作业的深水船队。与此同时，建造深水海工装备、开发南海深水油气田是中国石化实施资源战略、打造上游长板的重要举措，而先行拥有深水半潜式钻井平台、深水辅助支持钻井装置以及适用的开发工程模式和设施是其走向深水的前提。

——海洋油气装备业向深海“下潜”.中国石化报，2011-9-15，05版

海洋石油天然气业：长期以来，驱动世界经济的主要能源是石油、煤和天然气。1980年至2009年间，世界能源结构变化的基本趋势是，石油的份额逐步降低，煤炭和天然气的份额略有增长，水电、核电、地热、太阳能和风电等其他能源的份额逐步趋升。

——2011年4月29日国家海洋局发布《中国海洋发展报告2011》

海洋石油和天然气的贡献：由于液态燃料仍将是世界能源的最

大组成部分，加上石油和天然气消耗量的增长快于其储量的发现速度，世界油气总体短缺局面仍将继续。这成为今后推动海洋油气开发的基本动力。

——2011 年 4 月 29 日国家海洋局发布《中国海洋发展报告 2011》

- **海洋盐业**

人类在很早以前就已经尝到自然界的咸味，但何时开始有意识地采取食盐则仍然是个谜。一般认为，人类最早自主生产的食盐是从海水中提取的，而中国则是提取食盐较早的国家。中国古人文献中有煮盐的记载。而煮盐，则是制盐工艺上的一大进步。在中国盐业史上，一般称夙沙氏为盐宗。《中国盐政史》(曾仰丰著.北京:商务印书馆，1937 年版)一书中称:“世界盐业莫先于中国，中国盐业发源最古在昔神农时代夙沙初作煮海为盐，号称‘盐宗’。”

——武峰.浙江盐业民俗初探——以舟山与宁波两地为考察中心.浙江海洋学院学报(人文科学版)，2008，(4)

浙江自唐代以来就是中国产盐大省，而舟山与宁波更是浙江极为重要的产盐区。舟山与宁波均为大海所环绕，自然资源丰富，地理环境优越，岛屿林立，多能躲避大风大浪，日照时间也比较充裕，“煮海为盐”具备天时地利。鱼、盐自古以来是两地重要的支柱产业。

——武峰.浙江盐业民俗初探——以舟山与宁波两地为考察中心.浙江海洋学院学报(人文科学版)，2008，(4)

根据盐的来源，我国的盐产可分为海盐、池盐、井盐等。在我国历史上，海盐生产不仅有着悠久的历史，而且有资料证明，我国是世界上最大的海盐生产国，海盐年产量长期以来居世界第一位。

——纪丽真.青岛地区海盐业研究.中国海洋大学学报(社会科学版),2009,(1)

● 海洋电力业

海洋中除了油、气资源外,还蕴藏着潮汐、波浪等水动力能源,这将成为人类未来的主要能源。海洋能源通常指海洋中特有的依附于海水的可再生能源,它具有蕴藏量大、环境污染轻、不占用土地等众多优点。海洋能按照储存性质可分为海洋机械能(潮汐能、波浪能、海流能)、海洋热能(通常表现为海水温差能)和海洋化学能。海洋能源的开发利用主要是应用于海洋电力业。海洋电力业,指利用海洋能进行的电力生产,包括利用海洋中的潮汐能、波浪能、热能、海流能、盐差、风能等天然能源进行的电力生产,还包括沿海地区利用海水冷却发电的核能、火力企业的电力生产活动。

——姜旭朝主编.中华人民共和国海洋经济史.北京:经济科学出版社,2008

海洋电力产业主要是海洋可再生能源的发展和应用。由于开发利用海洋可再生能源具有不占耕地、无需移民、不会诱发次生灾害等优点,极具可能在近期发展成具有重大意义的战略性海洋新兴产业。在国家和沿海各省鼓励清洁能源开发政策推动下,海洋电力业成长较快,其中海上风力发电发展迅速,潮汐发电稳步推进,海浪发电也已经有所突破。2009年海洋电力业实现增加值12亿元,比上年增长25.2%。

尽管海洋电力业尚未形成规模,但作为一项新兴产业,发展潜力巨大,特别是在当前发展低碳经济的大环境下,海洋可再生能源电力业已经成为各沿海国家和地区发展低碳经济、循环经济的重要力量。

——2010年5月11日国家海洋局发布《中国海洋发展报告2010》

从技术及经济上的可行性分析，潮汐能作为成熟的技术将得到更大规模的利用:波浪能将逐步发展成为行业，近期主要是固定式，但大规模利用要发展漂浮式;可作为战略能源的海洋温差能将得到进一步的发展，并将与海洋开发综合实施，建立海上独立生存空间和工业基地;潮流能也将在局部地区得到规模化应用。

——周洪军.中国海洋电力业的发展研究.海洋信息，2007，(2)

近期我国沿海地区在建、拟建电厂项目几乎全部配套建设海水淡化装置，充分体现了国家推进节能减排、发展循环经济等政策的引导和驱动作用。未来海水利用业的发展将围绕海水利用产业急需解决的大规模海水利用工程技术、关键装备的国产化等关键问题，全面提高我国海水利用技术水平和市场竞争力，通过海水利用科技创新和产业发展，提升海水利用在海水经济中的贡献度。2009年全国海水利用也实现增加值15亿元，较2008年提高89.87%。

——2010年5月11日国家海洋局发布《中国海洋发展报告2010》

● **海洋水产业**

中国大规模的贝藻养殖对浅海碳循环的影响明显。目前国内海水养殖的贝类和藻类使用浅海生态系统的碳可达300多万吨，并通过收获从海中移出至少120万吨的碳。新的研究表明，在过去20年中，我国海水贝藻养殖从水体中移出的碳量呈现明显的增加趋势。例如1999—2008年间，通过收获养殖海藻，每年从我国近海移出的碳量为30万～38万吨，平均34万吨，10年合计移出342万吨；而通过收获养殖贝类，每年从我国近海移出的碳量为70万～99万吨，平均86万，其中67万吨碳以贝壳的形式被移出海洋，10年合计移出862万吨。两者合在一起，1999—2008年间，我国海水贝藻养殖每年从水体中移出的碳量为100万～137万吨，平均120万吨，相当于每年移出440万吨二氧化碳；10年合计移出1204万吨，相当于移出4415万吨二氧化碳。如果按照林业使用碳的算法计量，我国海水贝藻养殖每年对减少大气二氧化碳的贡献相当于造林50万多公顷，10年合计造林500多万公顷，直接节省造林价值近400亿元。

——中国工程院院士唐启升. 碳汇渔业与海水养殖业——战略性新兴产业. 中国渔业报，2010-11-29

水产养殖发展领域：加强育种理论技术创新与应用，培育主导养殖种类优良品种，提高良种覆盖率；加快高效饲料、安全渔药和免疫制剂研发，加强养殖容量研究，建立环保、优质的养殖模式和技术体系，促进水产养殖方式的根本转变，提高水产养殖综合效益；加强集约化养殖设施开发和相关技术研究，提高设施渔业装备的现代化程度和科技含量，加快养殖业产业化进程。

——2007年9月26日农业部发布《中长期渔业科技发展规划(2006—2020年)》

水产品综合利用领域：开展水产品精深加工、综合利用和高值化技术研究，建立大宗、优势养殖水产品精深加工技术体系，全面提高我国水产品加工率，延长产业链；利用现代生物技术原理与手段，建立水产生物产物资源研究和技术开发体系，为推动我国水产生物产业发展提供系统的科技支撑。

——2007 年 9 月 26 日农业部发布《中长期渔业科技发展规划(2006—2020 年)》

水生生物资源养护领域：加强渔业资源合理利用与保护的研究，积极研发和推广渔业资源增殖的新技术和新模式；加快建立科学的渔具渔法技术体系，强化水生生物资源和生态环境调查监测评估技术研究，建立水生生物资源栖息地生境修复技术；开展水域生态灾害防灾减灾、濒危水生生物保护技术的研究，合理养护、修复和保护水生生物资源；加强公海生物资源利用技术研究，开发新的渔业资源，丰富渔业发展内涵。

——2007 年 9 月 26 日农业部发布《中长期渔业科技发展规划(2006—2020 年)》

水产品质量安全领域：针对产地环境、生产投入品和生产过程，研究建立系统的水产品安全性评价和风险分析技术与方法，研究捕捞、养殖、加工和流通等主要环节危害控制技术，建立水产品质量安全保障技术体系；加强水产品质量安全检测技术、检测方法研究和标准制定，建立健全水产品质量安全标准化体系、水产品质量安全追溯系统和监控技术体系，全面提高水产品质量安全水平。

——2007 年 9 月 26 日农业部发布《中长期渔业科技发展规划(2006—2020 年)》

- **海洋生物医药业**

海洋生物医药产业是以海洋生物资源为研发对象，以海洋生物技术为主导技术，以海洋药物为主导产品，包括海洋创新药物、生物医用材料、功能食品等大的产业体系。海洋生物资源是巨大的天然

医药宝库,随着陆地资源的日渐枯竭,现已成为最具新药开发潜力的领域,成为国际业内关注的热点。由于在国际生物医药市场存有巨大的利益空间,所以其发展速度和前景明显优于其他高技术产业,因此,被世界各国视为21世纪最具发展前途的朝阳产业。经过改革开放30年的发展,海洋生物医药产业已经跃升为我国高新技术产业发展重点、海洋经济发展的热点。据《中国海洋经济统计公报》数据显示,2009年,海洋生物医药业全年实现增加值59亿元,比上年增长12.6%。浙江省海洋生物医药业增加值占全国海洋生物医药业增加值的比重为37.3%,位居全国第一。

——2010年5月11日国家海洋局发布《中国海洋发展报告2010》

海洋生物育种和健康养殖是指综合利用现代育种技术、养殖技术和疾病防控技术,培养高产优质新品种,并实施健康、环保的养殖模式。欧美、日本等水产养殖业先进国家,其水产养殖品种大多是经过遗传改良的优良品种,工艺上已实现了高度集约化、精细化的封闭式循环水养殖,疾病预防是依靠严格的消毒工具和疫苗免疫措施,杜绝化学投入品的使用。因此,筛选性状优良的养殖品种,采用现代生物育种技术进行良种选育并进行产业化推广,是实现我国海水养殖良种化的重要举措。我国海水养殖品种众多,但多是未经选育的。

——国家海洋局局长孙志辉在《中华海洋本草》首发仪式上的讲话(摘自中国海洋大学新闻网 http://news.ouc.edu.cn/news/Article/2009-09-29/20090929110648.html)

《中华海洋本草》的出版发行是海洋和医药领域的一件大事、喜事,是“我国近海海洋综合调查和评价项目”(即“908专项”)的一项重大成果,也是海洋系统向新中国60华诞的一份献礼。《中华海洋本草》是迄今为止最系统、最权威的大型海洋药物志书，一定能在海洋、医药、教育、科技等诸多领域体现出巨大的应用前景。

——2009 年 10 月 20 日国家海洋局局长孙志辉在《中华海洋本草》首发式上的讲话（摘自中国海洋大学新闻网 http://news.ouc.edu.cn/news/Article/2009-09-29/20090929110648.html）

● **海水利用业**

海水利用是利用海水的各种方式的统称，包括海水淡化、海水直接利用和海水化学资源利用等。在《海水利用专项规划》的指导下，沿海各地相继建立起一批海水利用示范工程和项目。目前我国海水淡化和综合利用技术趋于成熟，海水淡化成本接近国际先进国家海水淡化水平，一批具有自主知识产权的海水淡化设备已经出口到印度尼西亚等国家。一批海水淡化项目相继在天津、青岛、厦门、河北、广东等沿海省市投产运营，试图利用海水来解决我国日益突出的淡水资源短缺问题。

——2010 年 5 月 11 日国家海洋局发布《中国海洋发展报告 2010》

● **海洋服务业**

要在抢抓海洋经济发展机遇中做特服务经济，把海洋服务业发展成为打造海洋经济核心示范区的重点，大力发展港航物流服务业和海洋旅游业，使海洋服务业成为宁波最具特色的服务业。

——2011 年 9 月 22 日上午浙江省委常委、宁波市委书记王辉忠在全市服务业发展大会上讲话（摘自《宁波日报》2011 年 9 月 23 日第 1 版）

海洋服务业是指生产或提供各种服务的海洋领域经济部门及各

类涉海企事业的集合，包括海洋交通运输业、海洋旅游业、海洋科研教育管理服务业。海洋服务业属于中间性产业，其特点是科技含量高、知识智力密集。发展海洋服务业不仅能为其他海洋产业和部门生产性的资料，增强海洋渔业和海洋制造业等海洋产业的科技含量和升级换代，促进海洋一、二产业的社会化和专业化水平的提高，提升优化海洋产业结构，而且能够为人们提供生活性的资料，促进服务业市场发育和完善，缓解就业压力，从而促进整个海洋经济持续、快速、健康发展。

——韩立民，陈明宝. 海洋服务业：海洋经济新的增长点. 海洋世界，2010，(6)

• 海洋交通运输业

构建"一核两翼三圈九区多岛"总体布局。以宁波—舟山港海域、海岛及其依托城市为核心区，促进宁波、舟山区域统筹联动发展，加快舟山海洋综合开发试验区建设，着力打造我国海洋经济参与国际竞争的核心区域和保障国家经济安全的战略高地。以环杭州湾产业带及其近岸海域为北翼，加强与上海国际金融和航运中心接轨，以温台沿海产业带及其近岸海域为南翼，加强与海峡西岸经济区接轨。加快杭州、宁波、温州三大都市圈海洋高技术产业和现代服务业发展，增强对周边区域的集聚辐射，成为我国沿海地区海洋经济活力较强、产业层次较高的重要区域。依托沿海七市，建设九大产业集聚区，使之成为我省海洋经济发展方式转变和城市新区培育的主要载体。推进梅山、六横、金塘、衢山、普陀山(朱家尖、桃花岛)、洋山、南田、头门、大陈、大小门、南麂等重要海岛的开发利用与保护，突出岛屿的主要功能和特色，努力成为我国海洋开发开放的先导地区。依托铁路、公路、内河航运等集疏运网络，推进海陆联动，辐射湖州、金华、衢州、丽水等内陆地区互动发展。

——2011年1月21日浙江省十一届人大四次会议审议通过的《浙江省“十二五”规划纲要》

打造“三位一体”港航物流服务体系:(1)构筑大宗商品交易平台。按照建设一个大宗商品交易中心,宁波、舟山两个服务平台,石油化工、矿石、煤炭、粮食、建材、工业原材料、船舶等多个交易区,一批国家战略物资和商业化储运配送基地的总体架构,完善配套设施和服务,加强国内外战略合作。着力构建大宗商品交易平台,引导发展流通加工、分拨配送、国际采购、转口贸易等增值服务,带动物流金融、现货即期交易、期货合约交易等业务发展。(2)优化完善集疏运网络。整合港口资源,建设一批深水码头和重点港区,发展集装箱运输,进一步提高港口吞吐能力。发挥海水中转优势,开辟国内支线和国际航线,加强与国际港口和海运物流企业合作。改造提升一批内河航道,建设海河联运体系,拓展“内陆港”服务功能,创新推动港口联盟。完善进港航道、锚地、疏港公路铁路及重要枢纽等集疏运网络,实现多种运输方式数据共享、无缝对接,加快建成“集散并重”的综合性国际枢纽港。建设一批港口物流园区,培育一批港口物流企业。引导民资参与航运发展,打造全国领先的海洋运输船队。(3)强化金融和信息支撑。加强航运金融服务创新,引导国内外商业银行在浙分支机构积极发展各类航运金融服务,培育港航产业投资基金,改造设立服务海洋经济发展的银行机构,鼓励各类商业银行和保险公司开发航运金融产品,高水平建设宁波航运金融集聚区。扩大投融资业务和渠道,引导政府创投基金、担保基金、风险补偿基金和省属领军企业、社会力量支持港航产业发展。提升电子口岸信息系统,加快宁波国家交通物流电子枢纽系统和沿海港口物流信息服务平台建设，打造“数字港”。扶持发展船舶交易、船舶管理、航运经纪、航运咨询、船舶技术等航运服务业，建设一批航运服务集聚区和宁波、舟山远洋船员服务基地。

——2011 年 1 月 21 日浙江省十一届人大四次会议审议通过的《浙江省“十二五”规划纲要》

择优发展临港先进制造业。以宁波国家级石化产业基地和台州炼化一体化项目建设为重点，打造国际领先的现代石化产业基地。发挥沿海地区船舶工业特色优势，重点发展海洋工程船、液化天然气船、综合服务船、邮轮游艇、体育船艇、节能型船用柴油机及船用电子信息设备等高附加值船舶和船用设备，加快形成现代船舶产业链协作体系。充分发挥沿海临港优势，建设宁波钢铁基地、临港汽车及零部件基地、国家级高档造纸基地。

——2011 年 1 月 21 日浙江省十一届人大四次会议审议通过的《浙江省“十二五”规划》

中国要建三个世界大港：北方大港（直隶湾，即天津港）、东方大港（乍浦、上海，即上海港及杭州湾）、南方大港（广州）；四个二级海港：营口、海州、福州、钦州；九个三级海口：葫芦岛、黄河埠（港）、芝罘（山东北部）、宁波、温州、厦门、汕头、电白（广东海岸）、海口；十五个渔业港：安东（丹东）、海洋岛、秦皇岛、龙口、石岛湾、新洋港、吕四港、长涂港（舟山列岛中央）、石浦、福宁、湄洲港、汕尾、西江口、海安、榆林港（海南岛）。

——孙中山. 建国方略（新版）. 北京：中国长安出版社，2011

故西人于水，则轮船无所不通，五洋四海恍若户庭，万国九州俨同闤闠，辟穷荒之绝岛以立商廛，求上国之名都以为租界，集殊方之货宝，聚列国之商氓，此通商之埠所以贸易繁兴、财货山积者，有轮船为之运载也。

——孙中山．建国方略（新版）．北京：中国长安出版社，2011 年 3 月

东方大港。吾所举之四原则，则上海之为中国东方世界商港也，实不可谓居于理想的位置。而此种商港最良之位置，当在杭州湾中乍浦正南之地，依上述四原则以为观察，论其为东方商港，则此地位远胜上海，是以吾等于下文将呼之为计划港，以别于现在中国东方已成之商港即上海也。

——孙中山．建国方略（新版）．北京：中国长安出版社，2011

宁波。宁波亦一老条约港也，位于浙江省之东方，甬江一小河之口。此地有极良通海路，深水直达此河之口。此港极易改良，只需范之以堤，改直其沿流两曲处，直达城边。宁波所管腹地极小，然而极富，其人善企业，其以工作手工知名，肩随于广州，中国之于实业上得发展者，宁波固当为一制造之城市也。但以东方大港过近之故，宁波与外国直接之出入口贸易，未必能多，此种贸易多数归于东方大港。

——孙中山．建国方略（新版）．北京：中国长安出版社，2011

● 滨海旅游业

海洋旅游业是指主要活动在滨海地区、海上、海底、海岛的旅游业，由滨海旅游公司、旅馆、旅行社等行业组成。旅游业也可以看作经营旅游商品的产业。

——徐质斌著．中国海洋经济发展战略研究．广州：广东经济出

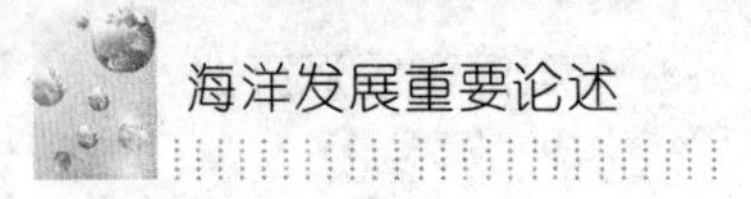

版社,2007

我国是一个海洋大国,随着旅游业的飞速发展,海洋已经成为我国除山水风光旅游资源和人文旅游资源之外的又一重要旅游资源类型。21世纪的现代旅游者更向往的是能彰显个性、挑战自我的特色旅游产品、体验性旅游项目,而海洋旅游资源由于其自身的独特性而成为现代旅游者追逐的聚焦点之一,这使得与“海”有关的特色旅游项目开发将成为21世纪休闲旅游发展的一大新热点,同时也预示着21世纪以海洋生态旅游为主题的休闲旅游时代的到来。

——周国忠,张春丽.我国海洋旅游发展的回顾与展望.经济地理,2005,(5)

2000年,美国一家企业决定将造一艘可容纳4万名乘客的游轮——“自由号”,如果建成,它将是人类建造的最大的可移动物体,它好比一个“漂流城市”,这将是一个长期在热带海域游弋的现代城市。日本也提出向海洋要住房,到2010年后,东京人将移居“海洋城”。日本还计划建水下工业城。人类已经把未来美妙的生活寄托于海洋,海洋已成为人类生活不可分割的重要组成部分。

——崔凤编著.海洋与社会:海洋社会学初探.哈尔滨:黑龙江人民出版社,2007

作为海洋文化和海洋文化发展的产物,游艇经济正在吸引着越来越多的目光,中国船舶工业行业协会有关人士表示,“游艇经济”是中国最具魅力和最有前景的产业。随着经济的发展和居民生活水平的提高,游艇正在成为人们娱乐休闲的新消费品。目前在深圳、广州、上海、青岛、东莞等沿海港湾也陆续建立了一批相当规模的游艇俱乐部(Yacht Clubs)。相关的数据显示,过去五年是中国游艇制造业发展最为迅猛的时期,出口额从2006年的1.8亿美元升至2008年的26亿美元,中国游艇整体生产能力已跻身全球十强。

——交通制造网,2011年9月8日

• 海洋新兴产业及其他

扶持发展海洋新兴产业。坚持引进与培育并举,提升海洋装备工业技术集成和设备成套化水平。打造国家级海洋先进装备业和海洋工程装备基地。积极有序地布局沿海核电项目,成为全国重要的核电生产基地。以创建中国(海盐)核电城为重要载体,打造国家核电服务和装备制造基地,促进核电关联产业发展。积极发展海岛和近海风能、潮汐能、潮流能等海洋可再生能源,打造国家海洋能研究与开发基地。加强海洋生物技术研究与开发,重点发展海洋功能性生物制品、生物性原料药与衍生品等产业,建设海洋生物制品基地。大力推进海水淡化和综合利用,加快关键技术设备国产化进程,打造我国重要的海水淡化技术装备制造基地。加强海洋勘探开发和海洋测绘服务,建设东海油气田后方基地和我国大洋勘查技术与深海科学研究开发基地。以滨海城市为依托,加快建设甬舟、温台和跨杭州湾三大海洋旅游区,优化海洋旅游产品结构,完善海洋旅游配套服务体系,打造我国重要的海洋休闲旅游目的地。

——2011年1月21日浙江省十一届人大四次会议审议通过的《浙江省"十二五"规划纲要》

海洋新兴产业的战略意义:2009年,中国海洋经济继续维持了良好的发展势头,海洋生产总值首次突破3亿元。虽然增速有所回落,但依然保持接近9%的水平。海洋产业发展质量不断提升。受世

界及中国宏观经济形势的影响，一些传统海洋产业如海洋交通运输业、滨海旅游、海洋油气业增长乏力，但以海洋生物医药、海水综合利用为代表的海洋新兴产业增速明显。通过此次金融危机，一些资源消耗型、劳动密集型的传统海洋产业的发展瓶颈逐渐凸显，一些技术含量高、环境友好、经济效益好的海洋新兴产业发展潜力初步显现。相对于传统海洋产业，海洋新兴产业资源消耗程度小，资源利用效率高，其生产方式无疑对中国产业结构的调整、发展方式的转变、海洋经济的持续发展起到积极推动作用。作为未来海洋经济乃至国民经济新的增长点，发展海洋新兴产业具有战略意义。

——2010 年 5 月 11 日国家海洋局发布《中国海洋发展报告 2010》

海洋新型产业主要包括海洋生物医药和功能食品业、海水利用业、高端船舶与海洋工程装备制作业、海洋精细化工业、生物育种和健康养殖业和海洋现代服务业等。目前，我国海洋新兴产业发展步入快车道，在海洋经济中的比重不断提升。

——2010 年 5 月 11 日国家海洋局发布《中国海洋发展报告 2010》

据测算，国际海洋工程装备市场目前年需求量约 400 亿到 500 亿美元，市场容量很大。根据中海油、中石油、中石化三大石油公司海上油气资源开发规划，我国“十一五”期间用于海上开发的投入就达 1200 亿元。因此发展海洋工程装备制造业不仅是船舶工业应对当前危机的一项重要措施，而且是我国船舶发展的重要领域，是我们发展的战略重点。

——丛亚平. 尽快从“黄土文明”向“海洋文明”拓展. 经济参考

报,2010-03-09

从中期的角度来看,深海矿产的开发、海洋能量(风能、潮汐能等)的利用、海水淡化,都将逐步形成产业规模。同时,海洋科技工作者也将就向海洋拓展生产、生活空间进行探索,研究将人类社会的生产空间、生产设施,以及人类的生活空间,向海面、海中、海底拓展所涉及的各种课题。而从长期的角度来看,人类对各种海洋资源的开发利用将成为常态,人类社会的生产、生活空间也必然会向海洋中延伸。我们的海洋科学技术研究,就是要为我国的社会经济重心一步步向海洋延伸提供强大的科技支撑,促进"海上中国"、"洋上中国"的建设。在这里需要研究的课题太多了,既有海洋自然科学的、也有海洋社会科学的,更会有很多多学科、跨学科的研究课题。而许多研究课题所涉及的学科也会超出目前人们心目中海洋科学的范畴。

——李乃胜等编著.中国海洋科学技术史研究.北京:海洋出版社,2010

* * *

发展水技术　造福全社会

——1998年11月全国人大常委会副委员长邹家华为国家海洋局杭州水处理技术研究中心题词

发展净水技术　支援国防建设

——2000年4月中央军委副主席、国务委员迟浩田为国家海洋局杭州水处理技术研究开发中心题词

加快海水淡化业　满足人民需要愿

——2001年7月全国人大常委会副委员长邹家华为国家海洋局天津海水淡化与综合利用研究所题词

海水淡化　大有可为

——2002年7月全国政协副主席王文元为国家海洋局天津海水淡化与综合利用研究所题词

*　*　*

宁波在开发和保护海洋方面有很多好的做法，未来一定会非常美好。

——2011年9月15日原联合国秘书长助理、国际海洋学会主席贝楠在宁波参加2011中国海洋经济峰会和第十四届开渔节时的讲话(摘自《宁波日报》2011年9月16日第1版)

如今，能源领域已经成为了一个主要的经济合作领域。仅仅在40多年以前，北海开采出来了石油和天然气。突然间，数世纪以来，作为航海国家，我们开始分享海上盆地的时代到来了。这是一个充满新的可能性的时代，更是一个充满新挑战的时代。

——2006年挪威国王哈拉尔在牛津大学的演讲(摘自《最有影响力的声音——英国名校励志演说》，延吉：延边大学出版社，2010年)

一条从挪威通往英国的新天然气管道——朗格里德管道开通了。如今，朗格里德管道以及其他一些管道的容量可以满足英国每年所需天然气的30%，在下来的40年左右也会如此。

——2006年挪威国王哈拉尔在牛津大学的演讲(摘自《最有影响力的声音——英国名校励志演说》,延吉:延边大学出版社,2010年)

大经济轴心从地中海转移到大西洋,穿越大西洋的贸易在16世纪上半叶取得了惊人的进展,而且集中在里斯本和塞维利亚两个港口。这两个城市为安特卫普市场提供商品,安特卫普又为国际性大公司提供商品。主要产品,特别是香料、非洲黄金、美洲白银,都在安特卫普与制成品交换,这些制成品是为伊比利业市场,尤其是海外贸易生产的。

——[法国]加亚尔.欧洲史.海口:海南出版社,2000

工业化使欧洲各国改善了海上交通。鹿特丹的新河道和阿姆斯特丹的北海运河使荷兰成为通向德国内地的重要转运站,代替了因埃斯考河免税兴起的安特卫普。德国人挖掘了基尔运河,将波罗的海和北海联系起来。在大不列颠,曼彻斯特运河的挖掘使远洋船可以深入到北方工业的心脏。

——[法国]加亚尔.欧洲史.海口:海南出版社,2000

1851年,在伦敦举行了第一届万国博览会,此时在全世界的铁路中,在全世界海洋上的远航船中,有一半属于英国。

——[法国]加亚尔.欧洲史.海口:海南出版社,2000

1500—1620年间,欧洲的物价平均上涨了300%到400%,这种物价革命是出于下列原因:贸易的发展,流通货币的增加,海外贵金属的大量进口,农产品的供不应求,生活水平的提高,以及欧洲北部的工业发展。贸易利润及收入的增加促进了投资,而投资是经济发展的基本因素。黄金和白银促进了国际贸易，但也使欧洲不再量入为出，消费大于积蓄。因此，安特卫普成为欧洲第一个金融市场，它的银行根据日益增长的货币需求，以高利息提供贷款。

——[法国]加亚尔.欧洲史.海口：海南出版社，2000

美国不是像墨西哥的西班牙人迄今所做的那样放弃贸易而专向海洋国家的工业供应大量的原材料，就是要使自己成为地球上的第一流海洋强国。这是一个不可避免的两者必择其一的抉择。

——[法国]托克维尔.论美国的民主.北京：商务印书馆，2009

英裔美国人对于海岸始终表现出一种明显的爱好。独立在打断了把他们与英国联系起来的商业纽带的同时，却使他们的航海天才得到了新的和有力的飞跃。独立以后，联邦的船数递增，其增加速度几乎与居民人数的增加速度同样快。现在，美国人消费的欧洲产品，十分之九都是用自己的船运输的。他们还用自己的船把新大陆的四分之三出口货运给欧洲的消费者。美国的船舶塞满了哈佛和利物浦的码头，而在纽约港里，英国和法国的船舶则为数不多。由此可见，美国的商人不仅敢于在本土同外国人竞争，而且能在外国同外国商人进行有效的斗争。

——[法国]托克维尔.论美国的民主.北京：商务印书馆，2009

美国人居住在一个令人感到奇妙的国土上，他们周围的一切都在不停地变化，每一变动都象征着进步。因此，新的思想在他们的头脑里总是与良好的思想密切结合。人的努力，好像到处均无天然的止境。在他们看来，没有什么办不到的事情，而是有志者事竟成。这种运气好坏的经常反复，这种推动美国人一致向前的感情冲动，这种公共财富和私人财富的变化莫测的起落，全部汇聚在一起，使人们的精神完全处于一种奋发图强和不甘人后的狂热状态。对于一个美国人来说，人的一生就像一场赌博，就像一次革命，就像一个战役。因此，美国人随时随地都必然是热心于追求、勇于进取、敢于冒险、特别是善于创新的人。这种精神都真实地体现在他们的一切工作当中。他们把这种精神带进了他们的政治条例，带进了他们的宗教教义，带进了他们的社会经济学说，带进了他们的个人实业活动。他们带着这种精神到处去创业：不管是到荒山老林的深处，还是到热闹繁华的城市，莫不如此。正是被他们用于海运业的这种同样的精神，才使美国商船比其他一切国家商船的运费低廉和航行迅速。只要美国的海员保持这种精神优势及其带来的实践优势，他们将不仅能够保障本国生产者和消费者的需求，而且会越来越像英国人那样成为其他国家的商务代理人。

——[法国]托克维尔.论美国的民主.北京：商务印书馆，2009

陆地上的帝国一个接着一个地盛衰交替，欧洲大陆自身的政治和法律也不时地分裂与整合，然后在这种动荡之中发展起了一种适应岁月变迁的成熟的法律。而海洋法则比较单纯，它不依赖种族和朝代的更替而持续存在，因为它实行于不属于任何国王、部落或首领的地区——海洋，帆船即是它的家。所有水域的海员都有共同的生活和经验，白天的太阳、夜晚的星星是他们共同的向导。因此，海上商人的共同习惯就是海事法则。

——[美国]威格摩尔.世界法系概览.上海：上海人民出版社，2004

海上交通肯定是大规模的。腓尼基的泰尔市，其人口可能超过100万，腓尼基的另一个城市迦太基，有70万人口；希腊的城市亚历

山大，是世界的谷类市场，人口有100万。在公元前5世纪，地中海的海滨已经全部被标示殖民都市和贸易驿站。罗德岛上坐落于海港入海口码头上的高达105英尺的阿波罗青铜像，被认为是世界古代七大奇迹之一。公元600年，当它倒塌的遗物作为金属被出卖时，用了900只骆驼才把这些遗物搬走。其他城市的年轻人被派到罗德岛研习经商方法，而且闻名世界的拉奥孔雕像是由罗德岛的艺术家铸造的。据说该城市有3000尊大理石雕像，罗德港有6个可通行的港口，而罗德岛人被称为"海洋的主人"。罗德海法的原件并没有保存下来，但其后1000年得所有海事法均称为罗德海法。

——[美国]威格摩尔.世界法系概览.上海:上海人民出版社,2004

海洋法典在古代历史上迁移的路线是一个持续从地中海到大西洋的从东往西的过程:《腓尼基海事法》、《罗德海事法》(希腊地中海岛屿)、《阿玛斐法典》(意大利那不勒斯)、《巴塞罗那法典》(又名《康梭拉多法》或《海事裁判集》)、《奥列隆法典》(西班牙大西洋沿岸比斯开湾)、《汉莎城市航运条例》(北欧波罗的海区域)。在这些个若干个连续出现的法典中，其显著的特征是作为单一的、明确的、连续的海事习惯发展的统一性。所有的这些海事法典大概都代表了海洋的习惯，而不是任何君主的法律，它们作为这些共同习惯的不知名的化身而成长。《康梭拉多法》开篇写道:这里倡导好的海洋习惯，这些是有关海洋事务的优良的法规和习惯，这是在世界各地旅行的聪明的人们开始授予我们的祖先，由他们使之融入优良的习惯的智慧之书中。这些习惯和规则，都是由海上贸易行会选出的特殊的海事法院加以实施，而不是由一般的国王或领主的法院来实施的。这些海事法继承了三种渊源:地方法院的判例、非官方的不署名作者的论文汇编、海上贸易行会的成熟的立法。它们的共同特征是都代表了重要的海上贸易团体的习惯法,有别于任何国王或领主的地方区域的法律。

——[美国]威格摩尔.世界法系概览.上海:上海人民出版社,2004

至17世纪,进入了一个新的阶段,随着时间的推移,国家正被有机体化,独特的海洋的普通法逐渐被冲破。这个时期是整个欧洲法国家化的时期,日渐增长的国家主义的意识开始以国王政府的名义,集中统一、整理过去一直被各种不同的管辖权(君主、领主、主教、城市、行会)所分享的立法和司法权。实际上,这种过程较早地在丹麦1561年得腓特烈二世的海事法典中就已经开始了。随后在丹麦、瑞典和法国等国的海事立法中一起达到了顶峰:瑞典1667年的克里斯蒂安十一世海事法典、法国1681年的路易十四海事条例、丹麦1683年的克里斯蒂安五世法典,包括一本关于海事法方面的书籍。在这些法律中,最有影响的是法国的海事条例,伟大的柯尔贝尔部长把它作为将所有法国法律国家化合法典化的详尽计划的一部分而准备的。这样,对法国而言,海洋的普通法和海员的领事法院结束了,其他国家接二连三地步其后尘:荷兰1721年的鹿特丹《海事条例》、普鲁士1727年的《海事条例》、西班牙1737年的《毕尔保条例》、威尼斯1786年的《海事商法典》。到19世纪,不同国家的商法典,都先后仿照1807年的《法国商法典》,把海事条例编入商法典中,使之成为其中的一编。海洋的普通法显然已永远消失了。

——[美国]威格摩尔.世界法系概览.上海:上海人民出版社,2004

在过去的半个世纪中,海上运输已发生了重大革命,这是随着蒸汽机运输工具和电力通讯的来临而发生的,它影响了船舶运输的所有方面:建筑物、装载、路线和卸货、提单、海上风险、船员、航行规则、海关、码头费、堤防、经纪人、销售条件和最重要的保险。而且,所有

这些独特又有相互关联的方面又或多或少地被主张国际性甚于国家性的观点的强大的团体标准化了。从1830年以来，海上商业的经济条件所发生的变化比以前所有的2000年所发生的变化都大。因此，主要由船主、商人、承保人所组成的海商团体已经发觉，它又一次超越国家法律的重要的共同的利害关系而结合在一起了，由此形成了1921年《海牙规则》。以商人的习惯为基础的海事习惯法再一次回来了，国家的立法机关再次引用了2000多年前安多诺斯国王的言辞："我们确实是我们大地的最高主宰，但习惯则是海洋通用的法律。"

——[美国]威格摩尔.世界法系概览.上海：上海人民出版社，2004

从政治和社会的观点来看，海洋之所以成为最重要和最惹人注目的是其可以充分利用的海上航线。准确地说，海洋是人们借以通向四通八达的共有地，但在这片共有地内，以往常用的航线，由于受各种原因的制约，只有选择其中某些作为贸易航线。

——19世纪美国军事家阿尔弗雷德·塞耶·马汉.海权论.北京：外语教学与研究出版社，2007

尽管海上充满各种危险，但是无论是旅行还是运输，海路总是比陆路方便、便宜。荷兰的贸易发达就是因为除拥有较发达的海运事业外，它还拥有无数条安全的水路，通达荷兰和德意志的内地。200年前，陆上的道路少且又不好，并且战争频繁，社会动荡不安，所以水路运输具有明显的优越性。即便在海上运输有遭抢劫的危险，但是仍然比陆路安全、迅速。

——19世纪美国军事家阿尔弗雷德·塞耶·马汉.海权论.北京：外语教学与研究出版社，2007

在现代条件下，濒海国家的国内贸易只是其全部贸易的一部分。而外国的必需品或奢侈品必须由本国或外国的船舶运来，这些船舶返回时又从事这一地区的产品交换。所交换的产品或是大自然的产物，或是人们的劳动成果。但是，每个国家都希望各种运输业应该由本国的船舶来承担。这些船舶返回时必须有安全的港口，整个航行期间，国家尽可能为船舶提供护航。

——19世纪美国军事家阿尔弗雷德·塞耶·马汉.海权论.北京：外语教学与研究出版社，2007

中国人在自己的海域内做生意，但是由于当时他们往南已经拓展到交趾(现在的越南)，因此，他们很乐意外邦的商船来此。只是到了12世纪，在宋朝的统治下，中国人才开始了勇敢的海上冒险。他们乘坐中国式帆船到达日本，并控制了香料之路的东端。

——[美国]哈里斯.世界探险史.济南：山东画报出版社，2006

在美国这个新兴国家西部开发的大潮中，交通运输成为了最大的瓶颈。1825年，伊利运河历时8年修建成功，于是美国西部丰富的物产可以通过五大湖和伊利运河沿水路源源不断地运送到纽约，成本只有原来的1/20，时间为原先的1/3，这不仅造就了美国经济的巨大繁荣，它使纽约成为了美国最大的经济中心，而修建运河所显现的巨大经济效益，也直接引发了人们对运河股票的狂热追捧，并启动了华尔街历史上的第一次大牛市。

——[美国]戈登.伟大的博弈.北京：中信出版社，2005

英国工业的惊人发展也有助于英国在海外竞争中的成功。英国在1550至1650年这一百年中的工业发展只是在1760年以后的工业革命期间才被超过。事实上,后来的重工业的发展基础正是在这较早地时期里打下的。

——[美国]斯塔夫里诺阿诺斯.全球通史.上海:上海社会科学出版社,1999

所有这些战争都有两个方面:欧洲方面和海外方面。欧洲方面是围绕王朝野心,尤其是法国路易十四和普鲁士腓特烈大帝的野心进行的。海外方面的战争则起因于各种各样的问题:印度的势力均衡、在美洲的领土要求冲突、西班牙殖民地的贸易条件以及对世界商船航线的控制。

——[美国]斯塔夫里诺阿诺斯.全球通史.上海:上海社会科学出版社,1999

科学家现在期望在以后几十年中使以下所述的成为事实:自动导向汽车和原子能火车;通过无线电将原动能传送给飞机;横贯寒冷的海洋、改变世界气候的气候坝;将浅海改变成海上农场;勘探地壳深处的自动采矿机;生产在价格上有竞争力的海水淡化;产生无限能量的核聚变;在登月后进行广泛的宇宙空间探索。

——[美国]斯塔夫里诺阿诺斯.全球通史.上海:上海社会科学出版社,1999

假如一个民族有喜好贸易的习性,并且有一条较好的海岸线,那么海上的各种危险及对海洋的反感都不可能阻挡一个民族通过海上贸易去寻找财富。现在作为一个海洋国家其根基是建立在海上贸易之上的。这种为获利而想冒险的特点与为贸易而征服世界的冒险精神极为相似。

——19世纪美国军事家阿尔弗雷德·塞耶·马汉.海权论.北京:外语教学与研究出版社,2007

使一个国家强大的物质基础是钱,或者更确切地说是财富。在荷兰,财富成为区分公民社会地位的一种基础,拥有财富就可以分享权力;有了权力就有了受人尊敬的社会地位。在英国也是这样。英国的贵族阶层虽然很傲慢,但是在代议制政府里,财富的力量还是起作用的。在人们的心目中财富即特权,是受人尊敬的。英国和荷兰一样,财富来源的职业与财富本身享有同样的荣耀。因此,在上述的这些国家里,由民族特点产生的社会舆论,会明显地影响这个民族对商业和贸易的态度。更宽泛地讲,民族特点还会以另一种方式影响海权的发展。这是就一个民族能否建立更多的殖民地。成功地开拓殖民地,然后是殖民地对贸易和海权产生影响,这一切主要取决于民族特点。反过来,当贸易和海权很好地得到发展时,殖民地自然也会得到发展。殖民地的发展主要取决于殖民地开拓者的特点,而不是本国政府对殖民地的过分关心。

——19世纪美国军事家阿尔弗雷德·塞耶·马汉.海权论.北京:外语教学与研究出版社,2007

美国要不了多久就会取得海权。美国人具有进行贸易的才能,富于冒险精神,而且对关乎利润的各种线索有敏锐的嗅觉。如果未来有地方需要殖民化,美国人将会毋庸置疑地把他们在自治和独立发展方面的一切传统才能带到这些地方。

——19世纪美国军事家阿尔弗雷德·塞耶·马汉.海权论.北京:外语教学与研究出版社,2007

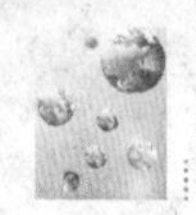

我国人民对航海和贸易情有独钟,这种爱好是从他们的母国那里接收过来的,公仆们必须根据下述事实考虑他们所采取的一切措施:我们希望打开所有的通商门户,消除一切阻挠。

——[美国]托马斯·杰斐逊.致霍金杜普的信,1785年

过去一个世纪中,全球水需求增长了6倍,总人口增长了3倍。如果这一趋势持续下去,我们现在的资源和基础设施建设都不足以提供足够的水来满足人们的生存需求。相比石油、天然气和电力行业,全球的供水行业吸收到的私人投资实在太过寒碜。现在是时候让企业家和商业领袖投身其中了,因为寻找问题的解决之道不仅需要强大的政治领导和创新研究,亦离不开有效的商业运作。海水淡化仅仅是水行业的一个小分支,但同其他分支一样,这里蕴藏着无限的创新机会,因为目前使用的技术远远落后于时代。例如就在不久前,以盐水淡化的方式生产淡水的能源成本还比收益还高。虽然现在技术的进步改变了这一状况,但海水处理公司仍在努力开发更经济更节能的方法。

——美国纽约时报专栏作家布兰森.用商业的方式给地球解渴.第一财经周刊,2011,(8)

英法葡荷四国商人一直在印度全力竞争,但由于莫卧儿大帝在德里实行着统治,他们的竞争尚较文明。英国东印度公司已经发展成强大的机构,拥有125万英镑的资本,每年的利润达9%,查理二世曾在1668年将孟买以每年10英镑的价格租给东印度公司,那里的人口当时已经增长5倍之多,超过了6万。英国人在1639年建立并设防马德拉斯,是东部沿海地区重要的贸易中心。

——[英国]丘吉尔.英语民族史.海口:南方出版社,2004

这些人在美洲海岸的科德角湾建立了普利茅斯城，他们开始了前任在弗吉尼亚同大自然进行过得艰苦斗争。这里没有大宗的产品，他们靠着艰苦的劳动和对上帝的信仰而生存下来。伦敦的资助者没有获得任何利润。1627 年，他们卖出普利茅斯股票，普利茅斯殖民地从此开始自主，新英格兰就是这样诞生的。

——[英国]丘吉尔. 英语民族史. 海口：南方出版社，2004

威尼斯人因为被迫住在不毛的礁石上，它们不得不到别的地方去寻找生活的途径，于是就驾驶着自己的船舶航行沿海各口岸，从而使他们这个城市成了全世界各种货物的集散地，城里到处都有来自各国的人。

——[意大利]马基雅维利. 佛罗伦萨史. 北京：商务印书馆，2001

港口是不同交通模式的节点，在不同交通模式的连接枢纽中，港口的效率很大程度上同时取决于港口腹地和海事前沿的双重服务，港口需要所有种类的交通模式来实现港口功能的最优化。

——欧盟. 交通运输政策白皮书，1992 年

欧盟国家提出了称为“里斯本议程”的绿皮书，来制定统一的港口运营标准框架。按照绿色港口和生态港口标准建立的运营体系包括文件制度、操作规范、跟踪制度和公众年度报告制度。采取切实有效的措施降低能耗、减少噪音和对水质、底质、空气等生态环境的影响。港口应当逐步设置回收废油、处理化学品和压载水的设施，严格监控倾废，建立健全船舶安全措施。

——欧盟. 里斯本议程 2000—2010（EU Lisbon Strategy，2000—2010）

沿海水域只占海洋总面积的7%。然而，珊瑚礁等生态系统以及蓝色碳汇的生产力意味着，这块小区域构成了世界的主要捕鱼场，其产量估计占世界渔业的50%，为近30亿的人口提供重要的营养，并为世界最不发达国家的4亿人口提供50%的动物蛋白质和矿物质。

——Nellemann C, Corcoran E, Duarte C M, et al. 蓝碳. 联合国环境规划署，全球资源信息数据库挪威阿伦达尔中心，2009年

在海洋领域实施双赢的缓解战略，其中包括：(1)提高海洋运输部门、渔业部门、水产业部门和海洋旅游业部门的能效；(2)鼓励可持续的、环境友好的海洋能源生产，包括海藻和海草养殖；(3)遏制破坏海洋碳吸收能力的活动；(4)确保优先考虑能恢复和保护海洋蓝色碳汇的碳固定能力、提供食物和带来收益的投资，并确保这种优先考虑的安排同时能创造商业、就业和海岸发展机遇；(5)通过管理海岸生态系统，让其适宜海草、红树林和盐沼的快速生长，从而促进蓝色碳汇的自然再生能力。

——Nellemann C, Corcoran E, Duarte C M, et al. 蓝碳. 联合国环境规划署，全球资源信息数据库挪威阿伦达尔中心，2009年

三、海洋资源环境保护与防灾减灾

国家海洋局要把工作重点放在规划、立法和管理上。按照“三定”方案，加强与有关部门的配合，认真履行海洋行政管理职责。

——2000 年 2 月温家宝副总理对国家海洋局工作的批示（摘自《中国海洋报》第 1390 期）

中国作为一个发展中的大国，面临着发展经济和保护环境的双重挑战。我们将坚持开发中保护，积极发展海洋绿色经济，推进海洋生态环境保护与修复，提高海洋防灾减灾能力，把我们的海洋建设成为和平、和谐、安全之海。中国愿与世界其他国家和联合国等国际组织加强合作，深入参与国际海洋事务，促进海洋和人类经济社会可持续发展。

——2010 年 9 月李克强副总理在第 33 届世界海洋和平大会上的讲话（中央政府门户网站 http://www.gov.cn/ldhd/2010-09/04/content_1695874.htm）

要深入贯彻落实科学发展观，按照加快转变经济发展方式的要求，统筹国际国内两个大局，科学规划海洋经济发展，大力发展海洋油气、运输、渔业等产业；进一步规范海洋开发秩序，合理开发利用宝贵的海洋资源，保护好海岛、海岸带和海洋生态环境，提高海洋防灾能力，全面发展海洋事业，在现代化建设中发挥重要的作用。

——2010 年 12 月 2 日李克强副总理在会见全国海洋系统先进集体先进工作者时的讲话(摘自《人民日报》2010 年 12 月 3 日第 1 版)

发展海洋经济保护重于开发。不能再走陆地上先开发后保护、先污染后治理的老路。广东将努力探索走一条海洋科学发展的新路子,将保护海洋环境放在首位,在此前提下实施海洋开发、利用,使海洋经济保持健康稳定可持续发展。发展海洋经济,广东还将坚持一、二、三产业并重,齐头发展,摒弃重工业、轻农业的发展思路,在做大做强海洋工业的同时,加快海洋渔业和滨海旅游业等产业发展。

——2011 年 5 月中共中央政治局委员、广东省委书记汪洋会见到粤调研的国家海洋局党组书记、局长刘赐贵的讲话(摘自《南方日报》2011 年 5 月 7 日第 1 版)

保护海洋环境与控制陆域活动密不可分。中国是一个海洋大国,海洋和海岸带地区在中国国民经济发展中占据着十分重要的地位,海洋环境保护已经成为中国经济社会可持续发展的重要基础。

——2006 年 10 月,国家环保总局局长周生贤在联合国环境署《保护海洋环境免受陆源污染全球行动计划》第二次政府间审查会上致辞(摘自中央政府门户网站 http://www.gov.cn/gzdt/2006-10/16/content_414176.htm)

开发海洋资源　保护海洋环境

——1994 年 7 月,全国人大常委会副委员长副委员长王丙乾题词

加强海洋综合管理　维护国家海洋权益

——1997 年 10 月中国科学院院士钱伟长题词

开发海洋资源　保护海洋环境　造福子孙后代

——1997 年 10 月田纪云副总理题词

携手重返海洋　共铸蓝色辉煌

——1998 年 6 月全国人大常委会副委员长王光英为 98’国际海洋年题词

科学开发综合利用　保护海洋环境造福人民

——2002 年 7 月全国人大常委会副委员长吴阶平为国家海洋局第一海洋研究所题词

*　*　*

2009 年我国全海域未达到清洁海域水质面积约 14.7 万平方公里，比上年增加 7.3%；近岸海洋生态系统健康状况恶化的趋势仍未得到有效缓解，处于健康、亚健康和不健康状态的近岸海洋生态系统分别占所监测海洋生态系统的 24%、52%和 24%。我国近岸海洋生态系统面临的环境污染、生境丧失、生物入侵和生物多样性低等主要生态问题依然存在，生态保护与建设处于关键阶段。

——2010 年 3 月 11 日，国家海洋局发布《2009 年中国海洋环境质量公报》

2009 年，严重污染海域主要分布在辽东湾、渤海湾、莱州湾、长江口、杭州湾、珠江口和部分大中城市近岸局部水域。海水中的主要污染物依然是无机氮、活性磷酸盐和石油类。河流携带入海的污染物总量较上年有较大增长。实施监测的 457 个入海排污口中，

73.7%的入海排污口超标排放污染物,部分排污口邻近海域环境污染呈加重趋势。铜等重金属在长江口、珠江口海域的大气输入通量仍呈上升趋势。海洋垃圾数量总体处于较低水平。公报还显示,全年发现海洋赤潮 68 次,累计面积约 14100 平方公里;赤潮发现次数与上年相同,累计面积基本持平;赤潮多发区主要集中在东海海域。重点岸段侵蚀范围和速度加大,山东龙口至烟台岸段和海口长流镇岸段砂质海岸侵蚀速度加快;渤海滨海地区海水入侵和土壤盐渍化加重。为了服务国家节能减排与应对气候变化的国家部署,2009 年,国家海洋局海—气二氧化碳交换通量业务化监测工作进入全面实施阶段。

——2010 年 3 月 11 日,国家海洋局发布《2009 年中国海洋环境质量公报》

监测与评价结果表明,2009 年,北黄海监测海域 3 月表现为大气二氧化碳的汇,5 月、7 月、10 月表现为大气二氧化碳的源,全年源汇强度接近平衡。冬季水体的温度、春季强烈的生物活动、夏季水体的温度及秋季逐步增强的水体垂直混合作用,是影响北黄海监测海域不同季节表层海水二氧化碳分压及海—气二氧化碳交换通量的重要因素。

——2010 年 3 月 11 日,国家海洋局发布《2009 年中国海洋环境质量公报》

2010 年,我国海洋环境质量总体维持在较好水平,主要海洋功能区环境质量基本满足海域使用要求,海洋赤潮和绿潮灾害有所减轻,但江河污染物入海量增加,溢油等突发事故灾害对海洋生态环境的损害严重。近岸局部海域富营养化、海洋环境灾害频发和海岸带生境破坏是影响我国海洋环境状况的突出问题。我国管辖海域的海水环境质量状况总体较好，符合第一类海水水质标准的海域面积约占我国管辖海域面积的94%，但尚有4.8万平方公里的近岸海域水质劣于第四类海水水质标准。近岸沉积物质量状况总体良好，各项监测指标符合第一类海洋沉积物质量标准的站位比例均在91%以上。

——2011年5月13日国家海洋局发布《2010年中国海洋环境状况公报》

我国近岸典型海洋生态系统总体处于健康和亚健康状态。90%监控区域的生态系统基本维持其自然属性，生态服务功能能够正常发挥；局部区域生态系统处于不健康状态，生物多样性和生态系统结构变化较大，生态服务功能受损。海洋保护区环境状况总体良好，主要保护对象或保护目标基本保持稳定。海水浴场、滨海旅游度假区的娱乐用海功能得以正常发挥。海水增养殖区环境状况基本满足养殖活动要求。海洋倾倒区基本满足继续使用的要求。油气开发活动未对邻近海域海洋功能造成影响。

——2011年5月13日国家海洋局发布《2010年中国海洋环境状况公报》

受入海径流量增大的影响，2010年河流携带的化学需氧量、氨氮和总磷入海量较上年明显增加。监测的入海排污口达标排放次数比例为46%，总磷、化学需氧量和氨氮等主要污染物的达标率均有所提高，但入海排污口邻近海域环境质量状况较上年未见明显改善，部分排污口邻近海域环境质量较差。

——2011年5月13日国家海洋局发布《2010年中国海洋环境

状况公报》

全海域发现赤潮69次，累计面积10892平方公里，赤潮发现次数与2009年基本持平，但累计面积减少3208平方公里，赤潮多发区主要集中在东海近岸海域。海水入侵和土壤盐渍化重灾区主要分布在渤海滨海平原地区。

——2011年5月13日国家海洋局发布《2010年中国海洋环境状况公报》

气候变化对海洋渔业的影响：目前，世界海洋渔业资源状况堪忧。1974年至2006年间，在全球海洋渔业资源总量中，海洋渔业资源"充分利用"的份额，由50%提升至52%，"适度利用"的份额，由40%下滑至20%，而"过度利用"的份额，则由10%扩大至28%。近海鱼类资源大多衰竭。

——2010年5月11日国家海洋局发布《中国海洋发展报告2010》

海洋油气开发的环境影响：长期以来，海底油气盆地不断向上覆水域渗漏油气。我国深海油气开发刚刚起步。鉴于深海油气对能源安全的重要性和溢油事故的重大危害，我国海洋油气产业面临确保安全开采的严峻挑战。墨西哥湾漏油事件对我国海上石油开采起到安全警示作用。

——2010年5月11日国家海洋局发布《中国海洋发展报告2010》

中国拥有广阔的管辖海域和丰富的海洋资源，具有发展海洋经济的雄厚基础。在陆地资源日益减少、经济社会发展面临资源供给不足的严峻形势下，应在大力开发利用海洋资源的同时，进一步加强海洋环境保护，解决资源瓶颈制约问题，使海洋成为支撑经济社会可持续发展的战略基地。

目前我国近岸海域环境质量总体保持稳定，这与有关部门海洋环境保护工作在制度完善、创新机制、提高能力等方面的努力密不可分。但是，当前我国海洋生态环境问题仍较突出，特别是在全球气候变化和新一轮的沿海大发展背景下，海洋环境保护工作任重而道远。

——2011 年 4 月 29 日国家海洋局发布《中国海洋发展报告 2011》

保护和改善海洋环境，保护海洋资源，防治污染损害，维护生态平衡，保障人体健康，促进经济和社会的可持续发展。

——1999 年 12 月 25 日经全国人大常委会第十三次会议修订通过的《中华人民共和国海洋环境保护法》

海洋资源高效开发利用：重点研究开发浅海隐蔽油气藏勘探技术和稠油油田提高采收率综合技术，开发海洋生物资源保护和高效利用技术，发展海水直接利用技术和海水化学资源综合利用技术。

——2006 年 2 月 9 日国务院批准的《国家中长期科学和技术发展规划纲要(2006—2020 年)》

海洋生态与环境保护：重点开发海洋生态与环境监测技术和设备，加强海洋生态与环境保护技术研究，发展近海海域生态与环境保护、修复及海上突发事件应急处理技术，开发高精度海洋动态环境数值预报技术。

——2006 年 2 月 9 日国务院批准的《国家中长期科学和技术发展规划纲要(2006—2020 年)》

充分发挥海洋资源优势，实施海洋开发战略，统筹海洋经济与陆域经济发展，构建现代海洋产业体系，加快建设全国海洋经济发展示范区。

——2011 年 1 月 21 日浙江省十一届人大四次会议审议通过的《浙江省“十二五”规划纲要》

加强海洋资源合理开发和有效保护。编制实施海洋功能区划，实行滩涂、岸线、海岛、海岸带等海洋空间资源分类指导和管理，依法有序实施温州、台州、宁波、舟山等沿海滩涂围垦和围填海工程，扎实推进瓯飞滩等重大项目实施，节约集约利用海洋资源。实施海陆污染同步监管防治，加大陆源入海污染物集中净化处理和达标排放力度，加强海洋环境应急管理能力建设，完善海洋环境监测评价体系和灾害观测预警体系。加强沪苏浙合作，推动跨区域海洋污染防治，实施海洋生态保护区建设计划，推进“海洋牧场”建设，加大近海生态环境建设和修复力度。

——2011 年 1 月 21 日浙江省十一届人大四次会议审议通过的《浙江省“十二五”规划纲要》

在后危机时代，港口之间、港航之间要携手合作，关注港口、物流、产业和城市的协同发展，优化港口技术与工艺，推动港口集疏运体系的建设，努力做到物流链与供应链的无缝衔接，为船东和客户提供高效、便捷、畅通、安全的港口物流服务，降低国际贸易中综合物流成本，打造和谐港口、智能港口、高效港口。转变港口发展方式，将低碳、绿色目标纳入港口发展的总体战略，为进一步减缓全球气候变暖尽港口的社会责任。

——2010 年 11 月 9 日全球港口界巨头在广州联合发布《广州宣言》

* * *

发展海洋经济,应按照绿色发展、清洁发展、安全发展的要求,遵循污染防治与生态建设并重的方针,积极推进近岸重点海域环境整治与生态修复,对重点海域污染物向海洋排放实行总量控制,并努力从源头上减少污染排海;高度重视海岛、海岸线、河口、滩涂的保护,科学确定围填海规模和开发时序,加大渔业资源养护与修复,加强海洋和沿海自然保护区建设,保护好典型海洋生态系统及珍稀、濒危海洋物种。为此,应抓紧制定或修订海洋环境保护和生态建设规划,完善与海洋环保法律相配套的法规和标准,强化对陆源排污口附近海域的环境监测,搞好海洋工程建设项目和海上污染源的环境监管,健全海洋环境监视、监测网络,提高监测调查工作的信息化、规范化、标准化和专业化水平。还应做好海洋生态环境和自然灾害突发事件的应对工作,完善预案,消除隐患,不断提高海洋防灾减灾能力。通过各方面坚持不懈的努力,为人民群众创造一个环境清洁、生态安全的海上家园。

——国务院研究室副主任宁吉.发展海洋经济.经济日报,2010-10-30

我国海域缺乏大洋性资源,很少有产量百万吨以上的大种群鱼类,只有地方性的带鱼、鳀鱼和外海洄游性的鲐鲹鱼等尚有年产几十万吨的资源量,这是自然条件所限,原因是我国海域没有处在冷暖洋流交汇地方的生物活跃区,生物资源的储量形不成大气候。但问题的严重性在于,我们不仅对这些有限的资源不能合理开发和保护,反而严重捕捞过度,加之盲目填海、工厂排污,环境破坏导致许多海洋

生物已面临灭顶之灾。胶州湾著名的沧口泥沙滩生物多样性很高，在上世纪六、七十年代尚有100多种底栖动物，而到80年代以后环境被破坏，多数物种难以生存，仅剩下四五个种类了，经济种产量也急剧下降，主要是填海和污染使众多贝类失去了生存繁衍的家园。原来在海滩上能钓到大量的蝼蛄虾，现在却成了罕见的物种。过度捕捞对我国特有种大黄鱼、中国对虾、小黄鱼资源破坏更是毁灭性的。

——中科院院士、海洋生物学家刘瑞玉专访（摘自光明网 http://politics.gmw.cn/2011-10/19/content_2815474_3.htm）

滨海砂矿也是主要的海洋矿产资源，种类较多，开采方便，产量较大。磷钙石磷钙土是一种磷酸盐矿物，是制造磷肥的主要原料，海底磷钙石储量非常丰富，总储量估计可达3000亿吨。海底煤矿、硫黄、盐矿、砂矿等的开发潜力也都十分巨大。

——中国工程院院士李文华.国家自然科学基金项目“全球资源态势与对策”.1993年

科学实验和生产实践反复证明，栽培海藻群体特别具有减低富营养化的潜力，大力发展海藻栽培来调节养殖环境中动植物生态平衡，是解决上述问题有希望的途径，是从根本上解决问题的有效方法，是具有战略性、前瞻性和科学性的设想和理念。为确保我国海洋环境减少污染，在加强监测预报的同时，应大力开展海洋污染机理与防治方面的基础和应用研究，为海洋经济的可持续发展作出贡献。

——中国科学院院士曾呈奎.寄语21世纪的中国海洋科技.科学与管理，2003，(3)

我国海洋生物体内重金属、农药等化学污染物含量较高,粪大肠菌群超标严重,病源微生物侵害加剧;此外,近年来我国近海赤潮正向着有毒赤潮演化,对海洋生态系统和人体健康构成威胁。

——中国科学院院士苏纪兰等.关于我国海洋领域若干战略性科技问题的建议.见2008科学发展报告.北京:科学出版社,2008

按照碳汇和碳源的定义以及海洋生物固碳的特点,“渔业碳汇”是指通过渔业生产活动促进水生生物吸收水体中的二氧化碳,并通过收获把这些碳移出水体的过程和机制,也被称为“可移出的碳汇”。这个过程和机制,实际上提高了水体吸收大气二氧化碳的能力。渔业具有碳汇功能,因此,可以把能够充分发挥碳汇功能、具有直接或间接降低大气二氧化碳浓度效果的生产活动泛称为“碳汇渔业”。简而言之,在海洋中凡不需投饵的渔业生产活动,就具有碳汇功能,可能形成海洋碳汇,相应地亦可称之为海洋碳汇渔业,如藻类养殖、贝类养殖、增殖放流以及捕捞业等。

——中国工程院院士唐启升.碳汇渔业与海水养殖业——战略性新兴产业.中国渔业报,2010-11-29

利用海藻制备乙醇是海洋生物资源利用的又一重点方向。中国的乙醇汽油消费量大约占全国汽油消费总量的20%,2009年乙醇汽油销售总量达173.2万吨。运输燃料可能是未来中国能源消费的最大缺口,生物燃料和生物基材料是未来生物质能源利用的最佳方式。

——曹湘洪.积极培育生物燃料产业 减少对石油的过度依赖.中国工程科学,2011,(2)

海洋遗传资源的研发涉及多种生物和广泛领域。近年来深海生

物基因资源引起国际社会的关注。关于海洋遗传资源的研究和开发重在寻找对于应用、特别是商业应用具有实际或潜在价值的生物化合物。目前遗传资源的开发虽然受到研发水平、设备和经费等多方面的限制,但已经取得初步进展。在海洋的20多万种生物中,已发现2000多种具有独特功效的生物活性物质具有为人们提供药品、保健品、食品和生物材料的潜力。经过几十年的努力,发现有重要生物活性并已申请专利的新化合物约达300多种。

——中国科学院院士唐启升.关于海洋资源开发与可持续利用研究的对话.中国渔业经济,2008,(3)

海洋遗传资源的开发利用:遗传资源包括具有实际和潜在价值的遗传材料,也即源自植物、动物和微生物等含有遗传功能的材料。海洋遗传资源提供了维持地球生命系统和增加人类研究机会、就业、食物和原料等各种服务。随着国际社会日益重视海洋生物多样性养护和可持续利用,寻找和利用海洋遗传资源引起人们越来越多的关注。

——中国科学院院士唐启升.关于海洋资源开发与可持续利用研究的对话.中国渔业经济,2008,(3)

中国对虾、中国龙虾等不少种群被列入濒危或近危物种行列。目前,在国内市场上看到的红色大个龙虾基本是从澳大利亚进口的,价格达到每公斤二三百元。作为旅游纪念品的硕大唐冠螺也被列入濒危物种,不仅在海南岛采不到,目前在远离大陆的西沙群岛也不见了。至于中华鲟、中华白海豚等更是需要特别保护的动物。这些物种濒危状态的出现,主要是因为它们的栖息地被破坏,种群数量大大减少。

——汪松.中国物种红色名录.北京:高等教育出版社,2004

海洋环境保护工作，应该与海洋资源和空间开发利用相结合来开展，不能脱离海洋开发孤立地考虑海洋环境保护。只有在可持续发展的思想下，两者才能取得协调发展。不过，实现两点的统一，仅靠思想、认识上的解决还是不够的，管理体制和组织方式的科学化更为重要。

——原国家海洋局海域管理司司长鹿守本.在河北省海洋经济可持续发展座谈会上的讲话（摘自中国海洋经济信息网 http://www.cme.gov.cn/ml/2003/ml-45.htm）

地震、台风、冰雪等自然灾害带来损失是直接和明显的，而海洋腐蚀则是“静无声息”地进行的，但海洋腐蚀所带来的损失却要远远大于这些自然灾害所造成的经济损失。按照国际通行计算海洋腐蚀方法，2008 年全国因此所造成的经济损失超过 9000 亿元人民币，2009 年这一数字则超过了 1 万亿元。换成更形象的说法，全国一年因海水腐蚀损失或锈掉的钢铁，差不多等于两个上海宝钢的一年钢铁生产总量。这还是保守的数字，实际的损失 2008 年能超过 12000 多亿元，这是一个多么庞大的数字，但这些却往往容易被人忽视。比如青岛《五月的风》雕塑，已经维修了两次，主要原因就是生锈，青岛每年因海水腐蚀造成的损失保守估计也在 50 亿元到 60 亿元左右，所以进行海洋防腐，是能够省出惊人财富的。

——2010 年 2 月 23 日中国科学院海洋研究所研究员、中国工程院院士侯保荣获省百万科技巨奖后接受采访时指出（摘自《半岛都市报》2010 年 2 月 24 日 A13 版）

国外有一个很有名的五倍定律，就是在一开始的时候，能够注意到它的防腐蚀，注意到它的耐久性，你花一个美元；当钢筋混凝土发

生一些腐蚀之后，你要维修它，就要花五个美元；你如果发生了一些它的开裂、钢筋外露的时候，你将在维修它的时候再花 25 个美元；你如果时间再长，这个桥已经发生了严重腐蚀，你要修复它的时候，就要花 125 个美元。

——中国科学院海洋研究所研究员、中国工程院院士侯保荣在接受记者采访时指出(《珠江广播电视台》2009 年 5 月 9 日播出)

经过 30 多年的改革开放，中国基本经济生态呈现为高度依赖海洋的开放型经济，这种经济生态将长期存在并不断深化。相关地区、部门应推行海域改革，深入实施海域使用权流转制度，尽快建立海洋生态赔偿机制，设立海洋生态基金。

——国家海洋局副局长王宏在 2011 中国·青岛蓝色经济发展国际高峰论坛上的讲话(摘自半岛网 http://news.bandao.cn/news_html/201110/20111030/news_20111030_1681829.shtml)

要严格控制高能耗、高污染行业，切实改变沿海地区重化工比重过大，过于集中的状况；实施污染物排海总量控制度，依据海洋环境容量，确定入源入海排污量，加强入海河流综合整治，切实改善入海河流水质。

——国家发改委副主任杜鹰在 2011 中国·青岛蓝色经济发展国际高峰论坛上的致辞(摘自《中国海洋报》2011 年 11 月 1 日 A4 版)

舟山网箱养殖都在近海，采取冰鲜鱼饵料投喂方式。一方面大量小鱼小虾当做饵料容易造成渔业资源的大量浪费，另一方面投放的鱼虾饵料过剩后极易加大海水污染。如果不从科学的角度去认识，今后会造成非常大的资源与环境破坏。像美国那样在离人类居住地10多公里以外的海域搞沉底式深水网箱养殖，目的是利用深海生物资源，减少人为的海洋污染，这是养殖深水网箱今后的发展方向。当然滩涂养殖等要搞精养，对排放的水要进行处理，防止海洋污染。海水一旦污染将带来生物栖息地的变化、种类的变化，这是人类想恢复都无法做到的事。

——著名海洋生物学家、中科院海洋所所长相建海2004年在参加中国·舟山国际海洋经济论坛时访谈（摘自中国渔业报 http://www.farmer.com.cn/wlb/yyb/yy3/200501100479.htm）

从人类保护海洋环境到中国如何保护海洋环境，有以下几个方面的措施要做：首先，进一步完善法律法规。考虑制定法律支持企业对环境损害的赔偿。目前，已有法律主要是针对损害资源的赔偿；其次，要加强执法力度。考虑对执法人员的奖励措施，以保持执法的持续性，提高积极性；第三，扩大公众、媒体的参与和监督。民间力量的参与十分重要，我国是政府机构主导环保工作，但环保必须是全民参与的。目前，中国公民还缺乏具体的参与手段，政府应该在这方面也建立相应的激励制度等；第四，扩大企业的参与，将企业环保形象和产品关联，设立企业环保评级措施；第五，加强科研水平，多做调查、研究；第六，继续加大资金投入。比如，这次漏油事故所造成的海鸟等大量死亡，还没人去做这方面的调查，因为这个项目难度很大，也需要充足的资金支持。

——前农业部官员、山东大学威海分校海洋学院副教授王亚民.人类该如何保护海洋(http://uzone.univs.cn/news2_2008_300168.html)

我们对海洋生态的破坏会导致海平面上升。很多小的岛国就会不见，比如马尔代夫。但目前最直接的危机不是海，而是人为带来的

垃圾。台湾一位导演自费到马尔代夫待了很久，拍摄了一部纪录片叫《沉没》。在片中你会发现，这个地方有很漂亮的海岸线，但是海岸线的外围全是垃圾，岛上的人不是被海水淹没而是被垃圾挤压得没有生存空间。

有一种现象叫做海抛。船只一出领海，把所有船上的废弃物全部扔向大海，包括压舱水、油污、人的排泄物、厨余等。国际海洋公约只是规范到了有毒物质的排放，并没有规制到已经航行在船上的人的行为。海抛的不仅仅是垃圾，还有核废料，用铁桶水泥加固，然后直接海抛。日本地震的时候，我第一个不是担心日本的电厂，日本在海底丢弃了很多核废料，一旦受到挤压后变形泄漏了，后果不堪设想。

——张晏瑲.对海洋环境的影响会如何作用于人类.绿海副刊，2011,(9)

以前，人们把环境问题主要看成是一个污染问题，没有把环境污染与社会因素联系起来，因而也就找不到环境问题的根源。经过多年的具体实践，人们对环境问题的认识有了新的突破，提出了持续发展战略。持续发展战略思想的基本点是环境问题必须与经济问题一起考虑，并在经济社会发展中求得解决，求得经济社会的环境协调发展，协调发展的重要手段就是环境规划。

——刘颖藜.浅析海洋环境保护与海洋经济的协调发展.魅力中国.2011,(1)

海洋污染物总量的80%以上来自于陆源污染物，其成分主要是化学需氧物质、氨氮、油类物质和磷酸盐四类，合计占总量的95%以上，还有硫化物、锌、砷、铅、铬、挥发酚、氰化物、铜、镉、汞等。陆源污染物主要来自于工业三废、城镇生活垃圾、农业养殖使用的化肥、农药和禽畜粪便等。因此，陆地污染源可分为四类：工业污染源、生活污染源、农业污染源和陆上养殖污染源。

——王森，胡本强，辛万光，戚丽．我国海洋环境污染的现状、成因与治理．中国海洋大学学报（社会科学版），2006，(5)

赤潮是中国近海最突出的环境问题，其特点是发生时间逐渐提早，发生次数逐年增多，发生范围逐年扩大，危害程度也日渐严重。据不完全统计，赤潮在20世纪60年代仅发生了三次，70年代为9次，80年代为94次，到了90年代仅有记录的赤潮就达380多次，不但海湾沿岸水域频繁发生赤潮，而且在开阔的近海也时有发生。

——刘海洋．中国近海污染现状分析及对策．水利水电，2003，(1)

据记载，赤潮的发生在中国已经有两千多年的历史，清代的蒲松龄在《聊斋志异》中就形象地记载了与赤潮有关的发光现象。1803年法国人马克·莱斯卡波特记载了罗亚尔湾地区的印第安人在夜晚通过观察海水发光现象，来判断贻贝是否可以食用的做法。20世纪初，尤其是20世纪80年代以来，随着工业、农业、养殖业的迅速发展，废水大量排入海中以及海洋水文变化引起海域环境自身的污染，导致赤潮的发生越来越频繁，已经严重地影响到了人类的健康。因此，保护环境，预防赤潮的发生，是当前亟待解决的重大课题。

——崔建国，黄洛阳．赤潮发生的原因、危害及其预防．滨州职业学院学报，2004，1(1)

赤潮主要指海洋中某些微小的浮游藻类原生动物或细菌以及饱囊种类，在一定的海洋和气象条件下暴发性繁殖或聚集而引起水体变色的一种有害生态异常现象。其主因在于人为过度排放含磷、氮等养分的生产、生活污水引起的。在全球海洋中能够形成赤潮的生物约有330余种，其中有毒性的约6078种。赤潮生物种类和有毒种类均以甲藻居多，我国赤潮生物种类约150～170种。赤潮现象的发生不仅破坏海洋的生态环境，同时也严重影响人类的健康。1986年中国台湾地区居民食用含赤潮毒素的贝类紫蛤，造成30人中毒，2人死亡；中国浙江省1967—1979年因食用赤潮发生后采集的织纹螺而引起中毒事件40起，中毒患者423人，死亡23人。这些因我国海域发生赤潮现象而造成的人类伤亡事故，足以证明赤潮给人类带来的严重威胁。

——范丽，程金平.我国东海海域赤潮发生年际变化趋势及其影响因素分析.上海环境科学，2009，28(1)

20世纪90年代以来，我国海洋灾害所造成的损失每年达上百亿元人民币，是世界上海洋灾害最严重的国家之一。2006年为我国海洋灾害的重灾年，风暴潮、海浪、海冰、赤潮和海啸等灾害性海洋过程共发生179次，造成直接经济损失218.45亿元，死亡(含失踪)492人。

对于我国严重的海洋环境污染，其治理如果仅靠政府的力量可以说是在打“片面战争”，不可能取得胜利，只有实行“公众参与，依靠人民”的战略才有机会取得成功。

想对所有的人类朋友说一句：海洋原本是友好的，只要关爱她，她会微笑的！人类也只有得到了她的微笑后，才可以安全地持续地依靠海洋！我国是一个海洋大国，但是目前海洋污染的严重情势如果得不到很大的改善，我国走向海洋强国可能只是永远的奢望而已。

——张忠潮，齐丛飞.对我国海洋环境现状的思考.现代商业，2009，(2)

良好的生态环境是海洋经济可持续发展的基础。为了提高海洋经济可持续发展能力,必须加强环境保护。第一,完善海洋生态环境监测系统与评价体系。加快建设全国海洋生态监测网,提高海洋环境监测的时效性和反应能力开展近海生态环境状况调查和定期评价,加强建设项目的海洋环境影响评价。第二,加强海洋污染控制与整治。严格实施陆源污染物排放达标制度,重点海域污染物排海总量控制制度加强海上污染源管理。第三,加强海洋生态保护与修复。推进海洋保护区网络建设,修复近海重要生态功能区,制定海洋生态受损评估标准,开展海洋生态补偿机制的研究。第四,提高海洋防灾、减灾能力。建设海洋立体观测预报网络系统,开展大范围、长时效、高精度预报服务;制订和完善海啸、风暴潮、赤潮及化学品泄漏、海难及工程设施损毁等应急预案加强应急处置的基础设施建设和海洋灾害应急演练,强化灾后评估和恢复工作。

——李文荣,孙世芳.金融危机背景下中国海洋经济发展的SWOT分析与对策.海洋开发与管理.2010,27,(1)

近十几年来,尤其是进入21世纪以来,我国海洋经济发展呈现出新的特点,即海洋经济持续快速增长,海洋产业结构渐趋优化,区域经济重心呈现出趋海转移的态势。1978年,我国主要海洋产业总产值仅60多亿元,2003年首次突破1万亿元大关,2006年全国海洋生产总值突破2万亿元,到2008年跃升到近3万亿元。2001—2008年海洋经济年均增长率高达18.02%,明显高于同期国内生产总值年均10.09%的增长率,海洋经济对GDP的贡献率由8.48%上升到9.87%,成为我国国民经济发展的新亮点和新的增长点。

——韩立民,于会娟.我国海洋经济进入战略转型期和快速增长期.中国海洋大学管理学院、海洋发展研究院专家信笺

2008年，四大海区中，南海、黄海近岸海域水质良好，渤海近岸海域水质轻度污染，东海近岸海域水质中度污染。影响全国近岸海域主要污染因子是无机氮和活性磷酸盐，个别近岸海域石油类、化学需氧量、溶解氧、pH值、铅、铜和非离子氨超标。影响海洋环境的污染物和营养物质80%以上来自陆源，控制陆源污染是改善海洋环境的关键。

——环境保护部污染防治司海洋处李义. 重拳打击污染 守护蓝色国土. 环境保护，2010，(2)

不计土地减少对食品安全的压力，预计到2030年中国将有16亿人口，依目前水产品在食品消费中所占比例，中国就需要增加1000万吨至2000万吨水产品，这对中国水产品生产构成很大压力。

——中国科协副主席、中国工程院院士唐启升在2011中国·青岛蓝色经济发展国际高峰论坛上指出(摘自新华网 http://news.xinhuanet.com/fortune/2011-10/28/c_111131381.htm)

康菲溢油事故暴露了我国海洋生态方面的诸多问题。由于我们在海洋基础研究方面的不足，溢油事故发生后，油污对海洋环境会产生哪些方面的影响、对海洋生物的危害包括哪些方面等基本问题都得不到解决。“为什么我们会陷入被动？人家说不是油污造成的污染、造成的生物死亡，我们有什么证据进行反驳?”渔民打官司起诉康菲，连基本的索赔证据都找不到。我国应加强对海洋基础项目的研究，尽快设立海洋生态评估机制，增强应对海洋环境突发事故的能力。

——中国科协副主席、中国工程院院士唐启升在2011中国·青岛蓝色经济发展国际高峰论坛上的讲话(摘自半岛网 http://news.bandao.cn/news_html/201110/20111030/news_20111030_1681829.shtml)

随着全球海洋石油大规模开发和石油海运的迅速发展，在开采、炼制、贮运和使用过程中进入海洋环境的石油及其制品，据统计每年达到1000万～1500万吨，约占世界石油年产量的5%，其中由船舶运输和近海石油生产导致的泄漏占46.7%。突发性石油污染事故的发生往往使人们措手不及，防范困难，已成为海洋环境保护的重大课题。海洋石油天然气作业者被推向风口浪尖，成为公众的聚焦点。中国作为仅次于美国、日本的世界第三大海上石油运输国及重要的海洋石油生产国，也面临着海上防止石油污染的严峻形势。2010年4月美国墨西哥湾溢油事件及2011年6月康菲蓬莱溢油事件的发生，使溢油和海洋环保课题越发受到社会大众的关注。

——赵彬.海洋溢油事件应急处理技术.环境保护，2011，(16)

海洋环境是人类赖以生存和发展的自然环境的重要组成部分，包括海洋水体，海底和海水表层上方的大气空间，以及同海洋密切相关，并受到海洋影响的沿岸区域和河口区域。在《国家突发环境事件应急预案》中涉及海洋环境突发事件的主要包括；海上石油勘探开发溢油、海上船舶、港口污染事件等。

伴随着海洋产业总值的不断提高，各类海洋突发事件对我国沿海造成的直接经济损失也呈上升的态势。我国沿海地区对全国的经济发展有着举足轻重的地位，然而沿海的许多区域，对海洋环境污染的应对能力却是相当脆弱和敏感的。海洋环境污染已经成为制约我国海洋经济持续稳定发展的重要因素。

——全永波.论我国海洋环境突发事件的应急管理.海洋开发与管理，2008，(1)

海洋与森林、湿地并列为地球三大生态系统，是维护全球生态安全的重要屏障，也是发展蓝色经济的主要空间，承载着人类的生存和发展。

——国家海洋局副局长陈连增. 促进海洋资源的合理开发和有效保护. 环境保护，2011，(10)

发展海洋经济必须坚持陆海统筹、河海兼顾、综合协调海洋开发与环境保护，维护海洋生态系统的服务功能。这将是推动海洋经济可持续发展的有效途径。

——国家海洋局副局长陈连增在中国环境与发展国际合作委员会2011年圆桌会议开幕式上致辞（摘自《中国海洋报》2011年4月29日A1版）

海洋环境问题主要源于人类对海洋自然资源和海洋生态环境的不合理利用，而这些损害环境的行为与人们对海洋环境缺乏正确的认识密切相关。加强海洋环境教育，提高人们保护海洋环境意识，使人类利用海洋的行为与海洋环境相和谐，是解决海洋环境问题的主要途径之一。

——兰红燕. 浅析我国海洋环境污染及防治. 河北师范大学学报，2010，33(1)

在海洋资源开发与保护过程中的首要问题就是要加强海洋法制建设。完善海洋资源开发与保护法律制度，依法实施海洋资源开发与保护活动是海洋法制研究与建设的内容之一。建立完善的海洋资源开发与保护法律体系，能够遏制海洋资源开发与保护活动中“无序、无度、无偿”的混乱现象，有利于海洋资源的可持续发展，对缓解我国资源约束矛盾，健全环境压力，增强国民经济整体竞争力，实现全面建设小康社会目标具有积极作用。

——程功舜.我国海洋资源开发与保护立法分析.法制与经济,2010,236(4)

我国的海洋经济要做大做强,除了整合现有海洋科研资源外,还要科学合理利用海洋资源,不能走先污染后治理的路子。

——中国海洋大学原校长、中国工程院院士管华诗在2011中国·青岛蓝色经济发展国际高峰论坛上指出(摘自半岛网 http://news.bandao.cn/news_html/201110/20111030/news_20111030_1681829.shtml)

发展开发过程中,一定要考虑环境的承载力,将来的发展应该是人海和谐科学的发展,这是我们开发海洋一个总的趋势,用这个理念来矫正我们自己的行为。

——中国海洋大学原校长、中国工程院院士管华诗在2011中国·青岛蓝色经济发展国际高峰论坛上指出(《山东卫视》山东新闻,2011年10月29日)

怎样保护海洋资源的问题,在保护中才能发展,如果我们大搞蓝色经济,最后把我们的海洋污染了,我觉得那就是本末倒置,所以不管讨论一百年,蓝色经济的主题依然还是保护环境。

——博鳌亚洲论坛原秘书长龙永图在2011中国·青岛蓝色经济发展国际高峰论坛上指出(《山东卫视》山东新闻,2011年10月29日)

中国海洋资源利用还处在粗放型的阶段,因此国家提出了“蓝色经济”,未来就是要用创新的高新技术来支撑海洋资源的开发利用,并在开发过程中注入人文价值关怀，实现人与海洋的和谐相处。

——中国海洋大学校长吴德星在2011中国·青岛蓝色经济发展国际高峰论坛上指出（新华网 http://news.xinhuanet.com/fortune/2011－10/29/c_111132223_2.htm）

* * *

“人类源于海洋，生存与发展依赖于海洋”；“海洋环境是一个整体，是全球生命支持系统的基本组成部分，是有助于人类实现可持续发展的物质财富”。

——1982年《联合国海洋法公约》

海洋的价值和重要性：加强对海洋资源的利用和保护。主要内容是对美国30多年来的渔业管理、海洋物种面临的风险、珊瑚生态系统的状况进行评价，提出要建立科学的可持续性渔业，强化渔业管理，提高渔业增值，减少对渔船的过度投资，加强国际渔业的管理；要评估对海洋种群的威胁，明确对海洋哺乳动物和濒危物种保护的责权，扩大对海洋哺乳动物和濒危物种保护的研究和教育，转向基于生态系统的对海洋哺乳动物、濒危物种进行保护；要对珊瑚生态系统进行评估，加强对本国珊瑚礁资源的管理，促进国际珊瑚礁倡议的实施，提高对珊瑚礁生态系统的认识，对珊瑚礁及其他珊瑚群落等进行保护；要解决环境对海洋水产养殖业的影响，促进国际合作，建立可持续的海洋水产养殖业；要把海洋与人类健康联系起来，最大限度地利用海洋生物产品，减少海洋微生物对地方健康的影响，实施人类健康保护计划；对在联邦水域的非生物资源行使管辖权，加强海上油气资源的管理，评估海上甲烷水化物的潜力，开发海上可再生能源，以及加强其他矿产资源的管理。

——中国国家海洋发展战略研究所研究员焦永科.21世纪美国海洋政策的主要内容.中国海洋报,2005-06-17

如果要应对气候变化,并转向资源节约型的绿色经济,我们就要认清各种颜色碳的作用。储存在海洋与海岸中的蓝碳如今对我们而言,是在存在各种充满希望的机遇和行动的情况下出现的又一个备选方案,将有助于创造光明的未来,避免出现暗淡凄惨的前景。

——联合国副秘书长,环境署执行主任阿奇姆·施泰纳(摘自《蓝碳报告》,挪威 Birkeland Trykkeri 公司,2009年)

人类活动正在使世界海洋付出可怕的代价。过度开发,非法的、未经授权和无管制的捕捞活动,破坏性的捕捞方法,外来入侵物种以及海洋污染,特别是来自陆地的污染等,正在使珊瑚等一些脆弱的海洋生态系统和重要的渔场遭到破坏。海洋温度升高和海平面上升及气候变化造成的海洋酸化,进一步对海洋生命、沿海和海岛社区及国家的经济造成威胁。

——2009年6月联合国秘书长潘基文在联合国确定的首个"世界海洋日"发表的致辞(国际在线 http://gb.cri.cn/27824/2009/06/09/3785s2531216.htm)

海洋覆盖地球表面近四分之三的面积,并为97%的生命体提供了居所。海洋不仅是生命的来源和最重要的气候调节器,同时也是为人类提供经济和社会服务的主要提供者。然而,人类没有学会如何从向海洋索取的同时,与其保持可持续的关系。人类的经济和社会保障很大程度上依赖着来自海洋的物产和服务,而人类利用这些

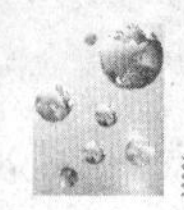

资源和服务的方式已绝非人道。生存资源被过度开采和损耗，再加上陆地和海洋的污染，造成了例如当前蛋白质缺乏的这种结果，是对实现关于健康和脱贫千年发展目标的嘲弄。

可惜的是，人类通过无序使用和过度开发对海洋的影响是极具破坏性和不合情理的。人类认为海洋的可持续发展是理所当然的。正是这样，尽管几十年来一直在努力形成一种全球性综合治理制度，海洋脆弱的生态系统却正在被一步步地摧毁。最近发生在墨西哥湾不可原谅的惨剧就是一个极其反面的严正警告。

我相信所有的利益相关者都有责任确保下一代不要品尝到由于当代人为疏忽而造成的恶果。我很高兴地获悉，中国提出了"和平、友谊、互利、双赢"的海洋发展观，并在保护海洋生态系统、合理开发利用海洋资源、海洋减灾、维护海洋安全、履行国际海事义务领域做出了自己的贡献。

——2010 年 6 月 8 日联合国助理秘书长欧宁·贝纳姆致辞在天津举办的"世界海洋日暨全国海洋宣传日"庆祝大会上（摘自中国网 http://www.china.com.cn/news/2010-06/08/content_20207069.htm)

在人类活动向大气层排放的碳负荷中，如果不是有将近一半的排量已为地球上的海洋所吸收，则气候变化的影响无疑将会演变地更加恶劣。然而这种碳负荷会改变海洋的酸碱平衡度。按照二氧化碳目前的人类排放速度来计算，直到 21 世纪末，海洋酸化的结果将完全抑制软体动物与钙质浮游生物产生其赖以生存的钙。到那时，珊瑚礁可能会崩塌，而珊瑚礁所构建的多元化生态系统，众多海洋鱼类的栖息乐园，也将只会保留在照片中。

——联合国环境署《全球环境展望年鉴 2008》

海洋在全球的碳循环中起着重要的作用。作为一个巨大的碳汇,海洋不仅能长期储存碳,还可以对二氧化碳进行重新分配。地球上约 93%(40 万亿吨)的二氧化碳储存在海洋中,并在海洋中循环。海洋的植物生境,尤其是红树林、盐沼和海草,覆盖面积不到海床的 0.5%。这些生境构成了地球的蓝色碳汇,占海洋沉积物中碳储存量的 50%以上,甚至可能高达 71%。它们只占陆地植物生物量的 0.05%,但每年都储存了大量的碳,因而是地球上最密集的碳汇之一。蓝色碳汇和河口每年捕获并储存 235～450 万亿克碳,相当于全球整个运输部门排放量(大约为 1000 万亿克碳/年)的一半。

——Nellemann C,Corcoran E,Duarte C M,et al. 蓝碳. 联合国环境规划署,全球资源信息数据库挪威阿伦达尔中心,2009 年

世界上捕获的生物碳(或绿碳)中,超过一半(55%)是由海洋生物捕获的,而不是由陆地生物完成的,因此,这种碳被称为蓝碳。二氧化碳和其他温室气体不断增加,导致了气候变化。许多国家,包括那些正处于快速发展期的国家,其经济的快速发展造成褐碳和黑碳(如二氧化碳和烟灰)的排放越来越多。随着排放的增加,自然生态系统不断退化,吸收二氧化碳的能力降低。这部分丧失的吸收能力相当于全球整个运输部门每年排放量的一至两倍。

——Nellemann C,Corcoran E,Duarte C M,et al. 蓝碳. 联合国环境规划署,全球资源信息数据库挪威阿伦达尔中心,2009 年

现在世界上农业浇灌需要淡水,但是地球表面的水资源只有 1% 是淡水,而且未来这个比重还会下降。这让人类不得不思考在盐碱环境中如何浇灌耕地和喂养动物。

——荷兰泽兰省副省长贝费伦在第十届中国长春国际农博会上

的致辞(摘自新华网 http://news.xinhuanet.com/fortune/2011-08/13/c_121855252.htm)

中国拥有长达1.8万多公里的海岸线和众多岛屿,海洋资源十分丰富。对海洋资源的合理利用可以解决中国面临的人口、粮食、资源和环境等问题。

——英国苏格兰农学院克里斯蒂·沃特森博士在第十届中国长春国际农博会上的致辞(摘自新华网 http://news.xinhuanet.com/fortune/2011-08/13/c_121855252.htm)

2008年7月11日,国际港埠协会在荷兰鹿特丹召开的C40国际港口气候会议上,共同发布了《世界港口气候宣言》。这是一个里程碑的决议,发起的55个国际港口包括欧洲25个港口、北美洲8个港口、亚洲12个港口、非洲5个港口、大洋洲3个港口、南美洲2个港口、另外还有两个城市迪拜和布宜诺斯艾利斯也参与宣言(中国大陆除香港外没有作为《世界港口气候宣言》发起单位参加)。该宣言由全球率先开展"绿色港口计划"的洛杉矶港务局局长任主席。《世界港口气候宣言》提出5项目标:(1)远洋船舶温室效应气体的减排;(2)港口操作与开发的温室效应气体减排;(3)腹地运输的温室效应气体减排;(4)提高可再生能源的使用;(5)二氧化碳审计及方法开发。

——2008年7月9至11日全球50余港口代表在鹿特丹通过《世界港口气候宣言》

"世界港口气候行动"计划

(1)理念:港口作为全球物流链的枢纽,在国际温室气体减排中有重要责任,通过完善排放标准和提高操作效率等多种途径可以实现绿色港口目标。

(2)远洋船舶温室效应气体减排行动:发展清洁船舶设计和装备,开发高效率、标准化岸电功能新系统,海运安全船舶运行速度控制,船舶航运环境指数的透明共享系统,敦促国际海事组织制定二氧化碳减排良好操作规范。

(3)港口操作与开发的温室效应气体减排计划:港口终端与货物装卸的减排措施,能源共享和废弃物能源开发,拖船等港口装备设施的可持续服务,内河航运电力的岸电供能,提高建筑与交通的能源效率。

(4)腹地运输的温室效应气体减排行动:减少腹地需求的物流新技术,设计清洁高效的交通联运,激励交通运输的环境效率。

(5)提高可再生能源的使用行动:促进风电、太阳能、地热等可再生能源的实用化,港务局运营尽可能采用并提倡可再生能源,促进生物质能的生产和运用。

(6)二氧化碳碳足迹计划:将港口操作与物流链作为整体进行二氧化碳排放的定量与管理,内化二氧化碳自评估和控制的组织架构和报告机制,开发港口单位面积碳足迹效率的分析与提高手段,有效识别货物操作和临港工业的碳排放,制定港口与毗邻工业区各自独立的二氧化碳减排目标。

(7)执行:建立持续减少排放量和科技创新的运营机制与责任制度,监测评估减排计划的执行情况,在港口区域与网络范围内倡导减排计划的领导作用,组织并促进技术转移、教育、双赢成果示范的经验交流与传播。

——2008 年 7 月 9 日至 11 日全球 50 余港口代表在鹿特丹通过《世界港口气候宣言》

国际贸易的80%来自海上运输，由此排放的二氧化碳占全球二氧化碳排放的1.6%至4.1%，并且预计按照目前速度发展，至2050年，海洋运输所排放的温室效应气体将增加三倍。会议主要讨论的议题包括：国际航运产生的温室效应气体排放；航运与交通结构与气候变化的关系；变革的需要；船舶和港口的节能减排措施；政策与管理条例的现状；财政、投资、技术和能源安全的相互关系。

——2009年2月联合国贸易与发展会议在哥本哈根召开"海洋运输与全球气候挑战"主题会议

自2002年以来，长滩港推行基于生态环境保护的健康港口计划，其主要措施包括空气质量、水质质量、自然海洋生物、沉积物质量改善的指标和5年削减计划。重点在于逐步降低船舶废气排放、减少港口油烟污染，作为实现上述目标的重要措施之一。其中对于三种主要空气污染物，即柴油颗粒物(DPM)、氮氧化物(NOx)、硫氧化物(SOx)的削减量为45%，通过经济刺激政策(如鼓励低排放船只优先处理的绿旗政策、倡导使用MGO和LNG以削减CO_2的排放、港口路基集中供电等)等实现了港口发展与环境改善的双赢结果。

——美国长滩港"绿色旗空气质量"计划

欧盟国家最初于1993年组建了欧洲港口组织(ESPO)，现已包括20个欧盟成员国的1200个港口，于1994年共同提出了欧盟环境法案。2001年欧盟港口组织首次对环境法案的执行情况发布了环境评价报告。报告指出，欧盟所有港口应当发布公众可以了解的环境评价年度报告，应当制定衡量环境改善的指标。为了应对环境问题，1999年，鹿特丹、巴塞罗那等八个大型港口建立了生态港口基金会以加强信息交流和统一影响评价。2002年提出了生态港口战略合作计划，认为：基于环境可持续性的海事经济发展特别需要一个综合性海事政策，并且，这样的政策也能够得到优质的海洋科学研究、技术和创新的支撑。港口政策层面上，应该包括综合海事政策、海事安全、欧盟运输政策白皮书、港口与物流、港口发展与自然保护、挖掘和沉积物管理、水框架计划、港口空气质量、港口与安全等。

——欧洲港口组织生态港计划

清洁的水域：沿岸和海洋的水质。主要内容是对沿岸水域污染状况进行分析，提出通过减少污染源、提高对点源污染的关注和解决大气来源的污染，来解决沿岸水域污染问题；要通过促进综合协调创建有效的国家水质量监测网络；要加强船舶安全和环境适应性，控制船舶污染；提出要采取各种措施以防止入侵物种的扩散；减少海洋垃圾，包括评估海洋垃圾的来源及其造成的后果，减少渔具垃圾，确保为船舶上的垃圾处理提供适当的便利。

——中国国家海洋发展战略研究所研究员焦永科.21世纪美国海洋政策的主要内容.中国海洋报，2005-06-17

如果科学预测是正确的话，全球变暖已经导致了全球大部分地区气温和降雨的变化，而且情况越来越严重。现在肥沃的人类和动植物的高产地区很可能就会被旱灾和饥荒所摧毁。如果公认的计算机模型是正确的，那么，海平线上的沿海地区（从孟加拉和尼德兰道新泽西都是世界上人口密集的地区）有可能被海水淹没。而且，这些地区不仅受到海水上涨的威胁，而且还受到未来几十年中飓风和热带风暴的威胁。它们卷起来的风速可达到每小时200英里。

——［美国］亚达斯.喧嚣时代，二十世纪全球史.北京：生活·读书·新知三联书店，2005

几十年来，人们向河流、湖泊、海洋中倾倒工业废水和农用化学物质，威胁到了当地的干净水供应，并威胁到了全球海洋和内陆大湖的鱼和其他食物来源。

——[美国]亚达斯. 喧嚣时代，二十世纪全球史. 北京：生活·读书·新知三联书店，2005

环境问题已经明显成为了人类社会在21世纪必须应付的无处不在的最根本挑战。

——[美国]亚达斯. 喧嚣时代，二十世纪全球史. 北京：生活·读书·新知三联书店，2005

约三四百万年前，白令陆桥变成了一条狭窄的海路。这一事件对大西洋的生物条件影响很大。至少275种软体动物将它们的范围延伸到了北冰洋和大西洋，而至多只有30种向相反方向入侵。太平洋迁入种及其后代构成了北大西洋各区域冷温带动物区系的10%至20%，在北太平洋则相反，来自大西洋的迁入种不到软体动物种的2%。

——[美国]弗尔迈伊. 贝壳自然史. 北京：上海科技教育出版社，2002

1827年法国数学家傅里叶指出二氧化碳的排放会使大气变暖。在他之后，瑞典化学家阿伦尼乌斯提出了“温室效应”。

——[法国]加亚尔. 欧洲史. 海口：海南出版社，2000

四、海洋科技与探索

极地科学考察，是人类探索自然奥秘、探求新的发展条件的重要领域，是一项功在当代、利在千秋的伟大事业。20 多年来，我国成功组织了 20 次南极考察和 2 次北极考察，取得了许多具有国际先进水平的科研成果，建成了中国南极长城站和中国南极中山站。中国北极黄河站的建成，揭开了我国极地科学考察事业的新篇章，为我国极地科学考察提供了重要平台，又为我国进行对外科学交流打开了重要窗口。

——2004 年 7 月 28 日胡锦涛总书记祝贺中国北极黄河站建成并投入使用的贺电（摘自中国科学院地理科学与资源研究所网站 http://www.igsnrr.ac.cn/xwzx/zhxw/200407/t20040729_1815189.html）

各种自然灾害使我们更加深刻地认识到，开展海洋和极地考察、探索地球科学奥秘具有十分重大的意义。今年是人类历史上第四个国际极地年，各国科学家正在开展有史以来最大规模的南极科学探索。希望南极考察队员们不断取得更大成绩，为人类和平利用南极作出新的贡献。

——2008 年 6 月 21 日胡锦涛总书记电贺中国和各国南极科考工作者（摘自《中国青年报》2008 年 6 月 22 日第 1 版）

中国南极昆仑站的建成，必将拓展我国南极科学考察研究的领域和深度。这是我国为人类探索南极奥秘作出的又一个重大贡献。

——2009年1月28日胡锦涛总书记致电祝贺中国南极昆仑站胜利建成(摘自《人民日报》2009年1月29日第1版)

推进我国科技发展,要突出抓好五个战略重点:一是把发展能源、水资源和环境保护技术放在优先位置;二是把掌握装备制造业和信息产业核心技术的自主知识产权,作为提高我国产业竞争力的突破口;三是把生物技术作为未来高技术产业迎头赶上的重点;四是加快发展空天和海洋技术;五是加强基础科学和前沿技术研究。

——2006年1月9日温家宝总理在全国科学技术大会上发表题为《认真实施科技发展规划纲要,开创我国科技发展的新局面》的讲话(摘自国务院公报 http://www.gov.cn/gongbao/content/2006/content_219920.htm)

中国的现代化是人类历史上前所未有的大变革。科学技术是推动这场变革的重要动力。要大胆探索空间、海洋和地球深部,充分挖掘和利用好各种资源。温家宝说,世界正在经历一场百年罕见的金融危机。历史经验表明,经济危机往往孕育着新的科技革命。正是科技上的重大突破和创新,推动经济结构的重大调整,提供新的增长引擎,使经济重新恢复平衡并提升到新的更高水平。谁能在科技创新方面占据优势,谁就能掌握发展的主动权,率先复苏并走向繁荣。

——2009年11月3日温家宝总理向首都科技界发表了题为《让科技引领中国可持续发展》的讲话(摘自《中央电视台》新闻联播2009年11月3日)

"永乐以后,明王朝以倭患为由,采取'禁海'政策,焚毁出海船舶,阻断海外交通,实行闭关锁国……从鸦片战争开始,清朝政府被迫与西方列强签订了一系列不平等条约，国家主权大量丧失，中国社会沦为半殖民地、半封建的地位。外有帝国主义侵略，内有封建主义压迫，这是近代中国航海事业长期停滞不前的原因……辛亥革命，封建王朝覆灭。但是，由于民族资产阶级的软弱，中国仍未摆脱半殖民地半封建社会的地位。航海事业虽有所发展，但极为缓慢。帝国主义垄断了中国近海、内河和远洋航运，整个中国的航海事业的境遇十分悲惨。”

——1985 年中顾委副主任薄一波为《中国航海史》一书作序（摘自《中国航海史》，北京：人民交通出版社，1985 年）

“十二五”期间海洋科技工作的主要任务：一是以拓展海洋调查研究的深度和广度为重点，明显提高对海洋的科学认知水平；二是以提高科技综合实力为重点，继续增强极地和大洋科考的竞争优势；三是以打造自主技术与装备为重点，努力推动我国深海科技发展迈出关键性步伐；四是以实施核心技术突破和产业示范带动为重点，积极培育和发展海洋战略性新兴产业；五是以创新海洋服务保障与管理支撑技术为重点，不断提高海洋开发、控制和综合管理水平；六是以深化科技兴海战略实施为重点，大力推进海洋科技与海洋经济的深度融合；七是以强化人才队伍和科技条件平台建设为重点，进一步提高海洋科技竞争力；八是以提高全民族海洋意识为重点，不断创新海洋科学普及工作。

——2011 年 9 月国家海洋局局长刘赐贵在全国海洋科学技术大会上的讲话（摘自《中国海洋报》2011 年 9 月第 20 期 A1 版）

提高科技水平　振兴海洋经济

——1997 年 10 月全国政协副主席钱正英题词

研究开发海洋　开创科学世纪

——1998 年 1 月国务委员宋健为海洋出版社题词

极地考察扬国威

——2003 年 5 月全国政协副主席徐匡迪为中国极地研究中心题词

*　*　*

海洋高技术是由众多学科门类组成的综合技术体系。1996 年海洋高技术作为第八个领域列入国家高技术研究开发计划(863 计划)。经过 15 年的发展,国家 863 计划海洋技术领域形成了以海洋环境监测技术、深海探测及作业技术、海洋油气资源勘探开发关键技术、海洋生物资源开发利用技术、数字海洋技术等为主的海洋高技术体系。

——2010 年 5 月 11 日国家海洋局发布《中国海洋发展报告 2010》

国家科技兴海总体目标:到 2015 年,海洋科技促进海洋经济又好又快发展的长效机制初步建立,科技兴海布局合理,海洋产业标准体系较为完善,科技成果转化率提高到 50%以上,取得一批海洋产业核心技术,培育 3 个到 5 个新兴产业,培育一批中小型海洋科技企业;以企业为主体的科技创新体系初步形成;海洋公共服务能力显著提高;海洋产业竞争力和可持续发展能力显著增强;海洋开发利用与海洋生态环境保护协调发展;科技进步对海洋经济的贡献率显著提高。

——2008 年 9 月 25 日国家海洋局、科技部发布《全国科技兴海

规划纲要(2008年—2015年)》

国家科技兴海重点任务:(1)加速海洋科技成果转化,促进海洋高新技术产业发展。围绕海洋产业竞争能力和发展潜力,优先推动海洋关键技术成果的深度开发、集成创新和转化应用,鼓励发展海洋装备技术,促进产业升级,培育新兴产业,促进海洋经济从资源依赖型向技术带动型转变。(2)加快海洋公益技术应用,推进海洋经济发展方式转变。围绕海洋生态环境保护与开发协调发展,重点实施节能减排、海洋生态环境保护与修复、基于生态系统的海洋管理等技术集成开发与应用推广,形成海洋管理与生态环境保护技术应用体系,不断提高海洋保护和管理水平。(3)加快海洋信息产品开发,提高海洋经济保障服务能力。围绕海洋开发的生态环境和生命财产安全,集成海洋监测、信息、预报等技术,形成业务化示范系统,为海洋工程、海洋交通运输、海洋渔业、海洋旅游、海上搜救、海洋管理等提供各种信息服务系统和产品,推动海洋信息产业发展。(4)构建科技兴海平台,强化科技兴海能力建设。充分利用国家、部门、地方的涉海科技基础条件平台,结合企业的科技开发基地和试验场,根据科技兴海区域发展目标和科技能力,建设一批成果转化与推广平台、信息服务平台、环境安全保障平台、标准化平台和示范区(基地、园区),形成技术集成度高、带动作用强、国家和地方结合、企业逐步为主体的科技兴海平台和示范区网络。(5)实施重大示范工程,带动科技兴海全面发展。按照科技兴海的总体目标和海洋产业的发展需求,通过多种投资方式和强化投入,实施科技兴海专项示范工程,带动沿海地区科技兴海工作全面发展,促进海洋经济向又好又快发展方式转变。

——2008年9月25日国家海洋局、科技部发布《全国科技兴海规划纲要(2008年—2015年)》

海洋公益技术发展：(1)节能减排关键技术转化应用，包括海洋渔业节能减排关键技术集成与应用；海洋工程和船舶节能减排技术集成与应用；沿海城市公共性节能排放技术集成与应用。(2)海洋生态保护、修复技术集成与应用，包括生态资源评估技术开发与应用；海洋生态系统保护和修复技术开发与应用。(3)生态化海洋工程技术的集成应用，包括海岸带人工生态景观建设工程技术推广应用；海岛生态工程建设技术开发与应用。(4)海洋生态化管理技术开发应用，包括以生态系统为基础，构建海洋生态化管理技术体系。

——2008 年 9 月 25 日，国家海洋局、科技部发布《全国科技兴海规划纲要(2008 年—2015 年)》

海洋信息技术发展：(1)开发海洋工程环境服务产品；(2)开发海洋交通和渔业的环境服务产品；(3)集成开发海洋灾害监测预警产品；(4)优化开发管理决策支持服务产品；(5)开发特定目的的海洋信息服务产品。科技兴海平台能力建设：(1)成果转化与推广平台；(2)信息服务平台；(3)环境安全保障平台；(4)标准化平台；(5)基地、园区。

——2008 年 9 月 25 日国家海洋局、科技部发布《全国科技兴海规划纲要(2008 年—2015 年)》

海洋高新技术产业发展：(1)优先推动海洋关键技术集成和产业化，包括海洋渔业技术集成与产业化；海洋生物技术集成与产业化；海水综合利用产业技术集成与产业化；海水农业技术集成与产业化。(2)重点推进高新技术转化和产业化，包括海洋可再生能源利用技术产业化；深(远)海技术应用转化；海洋监测技术产业化；海洋环境保护技术推广。(3)鼓励海洋装备制造技术转化应用，包括海洋油气勘探开发装备制造技术成果应用；船舶制造新技术开发和转化应用；海洋装备环境模拟和检验技术开发服务。

——2008年9月25日国家海洋局、科技部发布《全国科技兴海规划纲要(2008年—2015年)》

科技兴海重大示范工程：(1)海洋生物资源综合利用产业链开发示范工程；(2)海水综合利用产业链开发示范工程；(3)海水养殖产业体系化综合示范工程；(4)海洋装备制造业技术产业化示范工程；(5)海洋监测技术应用示范工程；(6)循环经济发展模式示范工程；(7)海洋可再生能源利用技术示范工程；(8)海洋典型生态系统修复示范工程。

——2008年9月25日国家海洋局、科技部发布《全国科技兴海规划纲要(2008年—2015年)》

科技兴海保障措施：(1)加强组织领导，建立科技兴海长效机制；(2)优化政策环境，建立产业发展激励机制；(3)强化融资引导，建立多元资金投入机制；(4)加快人才培养，完善成果转化市场机制；(5)加强合作交流，形成国际合作促进机制。

——2008年9月25日国家海洋局、科技部发布《全国科技兴海规划纲要(2008年—2015年)》

海洋科技创新体系基本完善，自主创新能力明显提高。重大海洋技术自主研发实现新突破，科技对海洋管理、海洋经济、防灾减灾和国家安全的支撑能力显著增强，对海洋经济的贡献率达到50%。海水利用对沿海缺水地区的贡献率达到16%～24%。海洋科技的国际竞争力明显加强。

——2008年2月7日国务院批准的《国家海洋事业发展规划纲要》

海洋技术以形成海上高技术作业能力为目标，强化核心技术开发和装备研制，推进海洋技术由近浅海向深远海的战略转移。围绕海洋环境监测、海洋油气与矿产资源开发、海洋生物资源利用、深海运载与作业等方面，大力发展深水油气勘探开发、深海潜水器、深远海海洋环境监测和海底观测网等核心技术，研制一批海洋开发重大装备，初步具备深海油气勘探开发重大装备的设计与制造能力，推动国家深海公共试验场建设。

——2011年9月国家海洋局等部门联合发布《国家"十二五"海洋科学和技术发展规划纲要》

"十二五"期间，海洋科技发展的总体目标是：海洋基础研究水平和关键核心技术逐步进入世界先进行列，自主创新能力明显增强，海洋探测及应用研究能力和海洋资源开发利用能力显著增强，海洋综合管理和控制技术水平显著提高，海洋科技资源配置得到进一步优化，海洋科技仪器设备和装备条件显著改善，具有国际影响力的高层次的人才和团队建设取得明显成效，沿海区域科技创新能力显著提升，海洋科技创新体系更加完善，海洋科技对海洋经济的贡献率达到60%以上，基本形成海洋科技创新驱动海洋经济和海洋事业可持续发展的能力。

——2011年9月国家海洋局等部门联合发布《国家"十二五"海洋科学和技术发展规划纲要》

"十二五"期间海洋科技对海洋经济的贡献率要由"十一五"时期的54.5%上升到60%。海洋开发技术自主化要实现大发展，科技成果转化率要显著提高。海洋科技将从“十一五”时期支撑海洋经济和海洋事业发展为主，转向引领和支撑海洋经济和海洋事业科学发展。

——2011年9月国家海洋局等部门联合发布《国家“十二五”海洋科学和技术发展规划纲要》

以寻找大油气田、提高采收率、打造具有国际竞争力的油田技术服务和非常规天然气战略性产业为主攻方向，加强油气资源勘探开发地质理论研究，攻克非常规天然气高效增产等13项重大技术，研制深水油田工程支持船等11项重大设备，建成8项示范工程，使老油田水驱采收率提高3%～5%，海上稠油油田聚驱采收率提高5%，勘探开发整体技术水平达到或接近国际大石油公司的水平。

——2011年9月国家海洋局等部门联合发布《国家“十二五”海洋科学和技术发展规划纲要》

海水淡化与综合利用。重点发展高压反渗透和低温多效蒸馏海水淡化、大型海水循环冷却、浓海水处理与化学资源利用等核心技术与装备，建设若干大型海水淡化与综合利用示范工程，加快海水淡化与综合利用产业发展。

——2011年9月国家海洋局等部门联合发布《国家“十二五”海洋科学和技术发展规划纲要》

海洋技术：重视发展多功能、多参数和作业长期化的海洋综合开发技术，以提高深海作业的综合技术能力。重点研究开发天然气水合物勘探开发技术、大洋金属矿产资源海底集输技术、现场高效提取技术和大型海洋工程技术。

——2006年2月9日国务院批准的《国家中长期科学和技术发

展规划纲要(2006—2020年)》

海洋科技前沿技术:(1)海洋环境立体监测技术。海洋环境立体监测技术是在空中、岸站、水面、水中对海洋环境要素进行同步监测的技术。重点研究海洋遥感技术、声学探测技术、浮标技术、岸基远程雷达技术,发展海洋信息处理与应用技术。(2)大洋海底多参数快速探测技术。大洋海底多参数快速探测技术是对海底地球物理、地球化学、生物化学等特征的多参量进行同步探测并实现实时信息传输的技术。重点研究异常环境条件下的传感器技术,传感器自动标定技术,海底信息传输技术等。(3)天然气水合物开发技术。天然气水合物是蕴藏于海洋深水底和地下的碳氢化合物。重点研究天然气水合物的勘探理论与开发技术,天然气水合物地球物理与地球化学勘探和评价技术,突破天然气水合物钻井技术和安全开采技术。(4)深海作业技术。深海作业技术是支撑深海海底工程作业和矿产开采的水下技术。重点研究大深度水下运载技术,生命维持系统技术,高比能量动力装置技术,高保真采样和信息远程传输技术,深海作业装备制造技术和深海空间站技术。

——2006年2月9日国务院批准的《国家中长期科学和技术发展规划纲要(2006—2020年)》

当今世界日新月异的科学技术正深刻影响着世界渔业发展进程,正如马克思所说:“各个经济时代的主要区别不是生产什么,而是怎样生产。”在新技术革命时代,渔业生产的对象没有变,仍然是捕捞、养殖、加工、销售等,但科学技术对怎样捕捞、怎样养殖、怎样加工、怎样销售、怎样管理都发生了前所未有的深刻变化。

——麦贤杰主编.中国南海海洋渔业.广州:广东经济出版

社,2007

无论是海洋经济发展、海洋产业结构调整,还是海洋资源合理开发利用、海洋生态环境保护,都离不开科技创新。应继续实施科技兴海战略及海洋科技计划,瞄准世界海洋高科技前沿,大力发展深海勘探、基因工程、卫星遥感和海洋可再生能源利用等高新技术;重点开发一批先进适用技术,建立海洋科技成果转化和推广应用体系,加快海洋信息化步伐;跟踪和探索海洋领域重大科学与政策问题,深入研究海洋与气候变化、经济社会发展对海洋生态环境影响、海洋综合战略和政策等重要课题。抓紧开展海洋专项调查,深化极地和大洋科学考察,实施海洋能力建设重大工程。为此,应围绕海洋发展和创新的重点任务,坚持用好现有人才,引进外来人才,抓紧培育适用人才,进一步优化海洋人才结构,以人才开发支持海洋事业发展。

——国务院研究室副主任宁吉.发展海洋经济.经济日报,2010-10-30

海洋工程装备产业是开发利用海洋资源的物质和技术基础,是我国当前加快培育和发展的战略性新兴产业,是船舶工业调整和振兴的重要方向。海洋工程装备主要指海洋资源(特别是海洋油气资源)勘探、开采、加工、储运、管理、后勤服务等方面的大型工程装备和辅助装备,具有高技术、高投入、高产出、高附加值、高风险的特点,是先进制造、信息、新材料等高新技术的综合体,产业辐射能力强,对国民经济带动作用大。

——2011年9月国家发改委等编制的《海洋工程装备产业创新发展战略(2011—2020)》

到2015年,基本形成海洋工程装备产业的设计制造体系,初步

掌握主力海洋工程装备的自主设计和总包建造技术、部分新型海洋工程装备的制造技术以及关键配套设备和系统的核心技术，基本满足国家海洋资源开发的战略需要。到 2020 年，形成完整的科研开发、总装制造、设备供应、技术服务产业体系，打造若干知名海洋工程装备企业，基本掌握主力海洋工程装备的研发制造技术，具备新型海洋工程装备的自主设计建造能力，产业创新体系完备，创新能力跻身世界前列。

——2011 年 9 月国家发改委等编制的《海洋工程装备产业创新发展战略(2011—2020)》

* * *

《欧盟海洋综合政策》指出："加大海洋研究与技术的投入，发展能在保护环境的同时又能促进海洋产业繁荣的环境友好型技术，使欧洲的海洋产业：例如蓝色生物技术产业、海洋可再生能源产业、水下技术与装备产业以及海洋水产养殖等迈入世界先进行列"。海洋科学技术是确保海洋事业可持续发展的关键。海洋科学技术可以有助于人们更好地了解人类活动对海洋系统的影响，使海洋环境免受人类活动破坏。采用跨学科方法开展海洋研究，使海洋综合政策的有机组成部分。

——2011 年 4 月 29 日国家海洋局发布《中国海洋发展报告 2011》

美国海洋科学战略。美国是世界上专属经济区最大的国家，也是最重视海洋开发的国家。20 世纪 50 年代以来，陆续发布了《大陆架公告》、《海洋资源和工程开发法令》、《我国的国家与海洋》、《2000

海洋法令》、《未来十年的海洋科学》(1995)、《美国海洋学长期规划》、《90 年代海洋学:确定科技界与联邦政府新型伙伴关系》、《1995—2005 年海洋战略发展规划》、《21 世纪海洋战略》等一系列海洋战略、法规。

——乔俊果. 21 世纪美英海洋科学战略比较研究. 海洋信息,2011,(2)

在科学基础上的决策:促进我们对海洋的认识。提议要增强海洋科学知识的国家战略,包括制定国家战略和国家海洋考察计划,协调和巩固海洋测量和制图业务;促进对海洋和沿岸气候、生物多样性、社会经济等的研究;要建立可持续的综合海洋观测系统;要加强海洋基础设施和科技发展,包括支持用现代手段进行海洋和沿岸活动,为急需资产的现代化提供经费,创建海洋技术中心;要使海洋数据和信息系统现代化,包括把海洋数据转换成为有用的产品,彻底改造目前的数据和信息管理,以满足新世纪的挑战。

——中国国家海洋发展战略研究所研究员焦永科. 21 世纪美国海洋政策的主要内容. 中国海洋报,2005-06-17

全球海洋:美国在国际政策中的参与。回顾了国际海洋秩序的发展,对国际管理中逐渐出现的挑战进行分析,提出通过国际海洋科学项目、全球海洋观测系统及其他国外科学研究活动促进国际海洋科学发展,在保护海洋方面要扮演全球角色,制定和实施国际海洋政策,包括执行《联合国海洋法公约》以及其他与海洋有关的国际协定等,加强国际海洋科学,加强国际海洋科学和管理能力建设。

——中国国家海洋发展战略研究所研究员焦永科. 21 世纪美国海洋政策的主要内容. 中国海洋报,2005-06-17

前进:实施新的国家海洋政策。对实施新的海洋政策的资金需求和可能的来源进行分析,提议要建立海洋政策信托基金,加大资金投入力度,主要投资项目包括国家海洋政策框架、海洋教育、海洋科学与调查、海洋监测、观测与制图,以及其他海洋与沿岸项目;要认识到非联邦部门的重要作用;要把从海洋利用收取的税收用于海洋和沿岸管理上。

——中国国家海洋发展战略研究所研究员焦永科.21世纪美国海洋政策的主要内容.中国海洋报,2005-06-17

发展海洋研究优先规划和完成战略;建立全球的地球观测网,包含海洋综合观测;开发和配置新的用于技术研究和调查的船舶;建立一个国家水质监测网;协调海洋与沿海绘图活动;完成有关海洋、人类健康、有害海藻繁茂与组织缺氧的立法;增加海洋教育的协调。

——2007年,美国《美国海洋行动计划》

英国海洋科学战略。2002年5月1日,英国政府提出了"全面保护英国海洋生物计划"。2003年英国政府建立了包括海洋科学、发展状况、发展前景等内容在内的数据网络。2007年发布了《2007—2012年海洋战略研究规划》。2010年2月英国政府发布了《英国海洋战略2010—2025》。2010年3月15日发布的《海洋能源行动计划2010》意在绘制英国海洋能源领域2030年愿景。

——乔俊果.21世纪美英海洋科学战略比较研究.海洋信息,2011,(2)

英国自然环境研究委员会(NERC)启动名为"海洋2025"(Ocean 2025)的重大海洋研究计划,"海洋2025"重点支持的十大研究领域分别是气候、海水流动、海平面,海洋生物化学循环,大陆架及海岸演化,生物多样性、生态系统,大陆边缘及深海研究,可持续的海洋资源利用,健康与人类活动的影响,技术开发,下一代海洋预测,海洋环境中的综合持久观察。

——2007 年,英国《Ocean 2025》

俄罗斯制定《海洋、北极和南极综合研究》。俄罗斯为保持其在世界上的领先水平,制定跨世纪的《海洋、北极和南极综合研究》科技计划。该计划包括 9 个科技研究领域,主要有确定石油与天然气生成、金属和非金属矿产分布、海底热液活动的规律性;完成锰结核、钴结核壳、多金属硫化物、磷灰岩的普查勘探,研制深水作业技术装备,为商业性开采做好准备;建造几艘适于在世界深海大洋进行科学调查研究的深海采矿船;建立一个全球海洋三位监测浮标系统,发射"资源"号及"海洋"号卫星,用以考察地球自然资源及世界海洋大气与水体的相互作用和评价极地气候变化产生的影响。

——2011 年 4 月 29 日国家海洋局发布《中国海洋发展报告 2011》

大陆架的油气勘查开发是俄罗斯海洋地质调查的首要任务,南、北极和太平洋是俄罗斯的海洋战略重点,大陆架地质环境监控处于重要地位,积极开展世界大洋矿产资源研究和利用方面的国际活动。

——2011 年,俄罗斯《俄罗斯联邦至 2020 年期间的海洋政策》

澳大利亚出台《海洋研究与创新战略框架》。1999 年,澳大利亚出台了《澳大利亚海洋科技计划》。为顺应海洋科技发展的需要,2009 年 3 月,又出台了《海洋研究与创新战略框架》,旨在建立更统一

的国家海洋研究与开发网络，将参与海洋研究、开发及创新活动的所有部门协调起来，包括政府部门、研究机构及海洋企业等，充分挖掘海洋资源，为社会和经济发展服务。

——2011 年 4 月 29 日国家海洋局发布《中国海洋发展报告 2011》

日本应推进海洋基础研究；加强海洋问题对策研究；加强基础研究，包括充实船舶研究、设备研究基础，培养和确保海洋研究者、技术者及研究支援者，强化海洋科技创新体制，加强合作。

——2008 年 2 月，日本《海洋基本计划草案》

近年来，海洋微藻生物质能的研究成为当前国际生物质能研究的热点和重点领域，陆续有一批重大的研究计划正在或准备开展实施。2007 年，美国总统布什宣布在今后 10 年内，用生物质燃油取代 10%的全美石油消耗量的计划后，国际上已有十家公司和机构纷纷宣布开放微藻产油技术，其中包括国际石油巨头壳牌（SHELL）石油公司与雪佛龙（CHEVRON）石油公司、美国国防部、国家可再生能源实验室（National Renewable Energy Laboratory，NREL）、麻省理工学院以及美国最大的生物柴油公司 LIVEFUEL 等。2007 年 9 月，美国 Vertigro 过程公司在德州 EL Paso 的海藻研发中心正式启动商业运营，开始大量生产海藻，并以此作为原料，用于生物燃料的生产。

——2011 年 4 月 29 日国家海洋局发布《中国海洋发展报告 2011》

新技术使得我们从沉积物中去开采更多的石油和天然气变为可能，而这些是几年前都无法做到的。而且，新技术的发展可以让我们有更多的发现并且能够很安全地开采油田。到目前为止,这些油田的地理状况和让人棘手的水域问题一直都在阻碍着我们。北海现在是,并且以后也将是一个发展世界级石油和天然气产业技术的特殊实验室。而且这种技术是当今世界急需的。除此之外,在今后挪威石油天然气的开采和加工过程中,环境保护对我们来说至关重要。

——2006 年挪威国王哈拉尔在牛津大学的演讲(摘自《最有影响力的声音——英国名校励志演说》,延吉:延边大学出版社,2010 年)

国际综合大洋钻探计划(IODP),2013 年后的将包含 4 大科学主题:气候和海洋变化;生物圈前沿包括深部生命及生物演化的环境驱动;地球的相关性包括深部过程及其对表层环境的影响;地球在运动包括人类时间尺度上的过程与灾害。

——2011 年《大洋钻探 2013—2023 科学计划》

海洋生物普查(CoML)是一个全球性的海洋科研合作项目。它启动于 2000 年,有 80 多个国家和地区的科研人员参加,耗时 10 年完成了历史上第一次较全面的海洋生物普查。这次海洋普查项目取得了丰硕成果。科研人员于 4 日在伦敦发布了一份较为简明的海洋生物普查报告、3 本汇集普查结果的大部头书籍和海洋生物分布图等辅助资料。此外,研究人员在 10 年里共发表了 2600 多篇学术文章,平均每 1.5 天就有一篇文章问世。

——国际海洋生物普查计划(CoML)

科学家们在此基础上建立了世界最大的海洋生物信息库,勾勒出了迄今最全面的海洋生物"全景图"。根据普查结果,海洋生物物种总计可能约有 100 万种,其中 25 万种是人类已认知或已命名的海洋物种。10 年间，科学家共发现 600 多种新物种，它们以甲壳类动物和软体动物居多，其中有 1200 种已认知或已命名，新发现待命名的物种约 5000 种。研究人员据此建立了“海洋生物地理信息系统(OBIS)”，成为迄今最大、最全面的海洋研究数据库。它整合了世界各国 800 多个海洋数据库的内容，现在共有 2800 多万条海洋生物观察记录，并正以每年 500 万条新记录的速度增长。首次“海洋生物普查”项目规模庞大，据估计其吸纳的全球总投资约为 6.5 亿美元。共有来自全球各地 670 个研究机构的 2700 多名科研人员参加普查，他们为此进行的远航次数超过 540 次，在海上度过的总时间超过 9000 天。

——国际海洋生物普查计划(CoML)

2010 年 6 月，一支特别的联合探险队在印度尼西亚附近海域展开了深海探索。这片海洋生物多样性出奇丰富的海域有个习惯的称法——“珊瑚大三角”。两只大船抛锚起航，它们是美国的俄刻阿诺斯探险家号和印度尼西亚的巴鲁纳·贾亚五号，这回它们的目的地不是海面，而是探索大洋深处。这是科学家们首次使用远程操控潜水器来勘测印尼 Sangihe Talaud 地区寒冷的深海。在过去的数周内就已发现了 30 至 40 种新物种。

——2011 年 8 月《经济学家》杂志对于联合探险队在印度尼西亚附近海域展开深海探索的报道

科学家研究发现，人类是从 5 亿年前长相酷似鱼的海洋动物演变而来，该动物拥有第六感，由此推出人类确有第六感。相关研究报告发表在《自然—通讯》上。英国剑桥大学与美国纽约康奈尔大学的研究人员在经过长达 25 年的研究后发现，人类和多达 65000 多种脊椎动物都是由一种拥有“第六感”的长相酷似鱼的海洋动物演变而来。据悉，这种生物生活在5亿年前的海洋中，具有良好视力、颌及牙齿，还具有能够感知水中电流的高度发达的感应器官，使它们能够在水中相互交流、捕获食物和辨别方向。它们具有用来侦测水流运动的侧线系统，如今在大多数鱼类侧面也可见到这样的条纹。

——2011年10月，《科学网》的科学评论“人类或从海洋动物演变而来”

澳大利亚悉尼大学生命科学学院研究人员2010年8月20日宣布，在西澳大利亚鲨鱼湾的一个藻青菌菌落中提取到了一种新的叶绿色——第5种叶绿素（被称作叶绿素f）。测试表明，叶绿素f可通过吸收光谱上限为720纳米的光参与光合作用，这一光谱处于近红外区域，比叶绿素d吸收的光谱上限长10纳米，比叶绿素a吸收的光谱上限长40纳米。这项研究成果20日发表在新一期美国《科学》杂志上。研究人员表示，叶绿素f能吸收更接近红外区的光，这表明光合生物可以利用的光谱可能比科学界此前认为的大得多，光合作用的效率也远超科学界想象。研究人员认为，叶绿素f可望在植物生物技术及生物能源领域得到广泛应用。

——2010年8月，《科学网》关于“叶绿素f”的报道

* * *

航海先驱，友谊使者。

——2005年6月温家宝总理为纪念郑和下西洋600周年活动的题词

中华民族认识海洋和和平利用、开发海洋有着悠久的历史，曾开辟了沟通东西方文明的海上丝绸之路，创造了郑和七下西洋的航海壮举。

——新华时评：推动建设和谐海洋环境的重要举措——写在庆祝人民海军成立60周年多国海军活动圆满成功之际（中央政府门户网站 http://www.gov.cn/jrzg/2009-04/23/content_1294458.htm）

我国的深海科技发展计划包括综合大洋钻探船、深潜技术和海底观测网三大部分。其中，海底观测网将通过有线和无线网络向各个观测点供应能量、收集信息，实现全天候、长期、连续的自动观测。

——2010年7月海洋地质学家、中国科学院院士汪品先在中国地质大学（武汉）举办的地球生物学国际研讨会上的讲话（摘自中国国土资源网 http://www.clr.cn/front/read/read.asp? ID=200679）

中国南海对海洋学家和气候学家来说就是块绝佳的宝地，在南海建立一个属于中国自己的海底观测系统，是我们真正了解海洋的唯一途径。

——2011年1月27日，中国科学院院士、中国海洋地质学家汪品先教授在接受《自然》杂志采访时的讲话（《自然》杂志2011年1月26日）

深海潜水器是国际海洋技术开发的最前沿与制高点。我国研制成功的7000米载人潜水器，成为世界下潜最深的载人潜水器，可到达世界99.8%的洋底。利用它可取得海底世界的宝贵数据和资料，用于深海资源勘探、热液硫化物考察、深海生物基因、深海地质调查等领域。目前世界上可用的载人深潜器总共有5台，分别是日本的

“深海 6500”号、美国的“阿尔文”号、法国的“鹦鹉螺”号、俄罗斯的“和平”号及“密斯特”号，它们的最大深潜深度只有 6500 米。

——张本，李应济. 海洋开发与管理读本. 北京：海洋出版社，2011

帝国的崛起和海洋学的发展密不可分。早在 18—19 世纪，英国海军部对全球海岸线及浅海的勘测不仅带来了巨大的科学知识财富，同时也促进了英国航海技术的发展——使其得以用军舰大炮征服了世界。从这一观点看来，中国的南海邻国或许会对在 1 月 26、27 号于上海举行的一场研讨会感到紧张，那里汇聚了全国最优秀的海洋学家（还包括数位海外工作者），他们正商讨一项名为“南海深海过程演变”(South China Sea-Deep)的研究计划。该计划的目的是为了勘测中国南海。这片海域的面积达 350 万平方公里、最深达 5.5 千米（不包括中国与其他国家存在争议的海域）——其战略意义犹如古罗马的地中海。

——2011 年 2 月，《经济学家》杂志对中国科研项目“南海深海过程演变”的评论

古代的探险者对海洋深度知之甚少。希腊哲学家亚里士多德认为海洋就是地球表面沉降贮水而成，但他不能说明海水为何是咸的。公元前 4 世纪的马其顿国王亚历山大大帝曾坐在桶中潜水观鱼而声名大噪。虽然从中世纪晚期开始，人们逐渐绘出了大片世界上海洋和陆地的地图，但是在 17 世纪以前，人们几乎没有探索过海洋表面以外的区域。

——[美国]哈里斯. 世界探险史. 济南：山东画报出版社，2006

第一次世界大战的爆发促使科学家加紧开发能够对海底进行准确和持续勘察的仪器。这就是回声音响器。回声音响器从船上向海里发射声音脉冲，脉冲又反弹到船上的麦克风里，声音在水中的速度是已知的，因此，通过声音脉冲到达洋底并返回录音机所用的时间就可以准确计算出海洋的深度。

——[美国]哈里斯.世界探险史.济南：山东画报出版社，2006

“挑战者号”的航行奠定了现代海洋学的基础。它航行了110870公里，回声探测492次，海底挖泥133次，151次拖网捕捞海洋生物。此次航行中发明了一种新型的温度计，可以精确地计量水下温度。“挑战者号”的50卷报告至今仍为科学家们所参考，其发现之一就是中大西洋岭，这条水下山脉把大西洋明显地分成两个区域，每个区域都有独特的生命形式。

——[美国]哈里斯.世界探险史.济南：山东画报出版社，2006

当今轨道卫星可以提供详细的海底摄影图像。卫星环绕地球运行时，卫星上面的雷达和摄影仪器对洋底进行扫描，仪器绘出一系列条状图像，合在一起就得出完整的图片。这些卫星也用来搜集关于天气类型、岩石、植物、冰帽和水流的数据，因此被称为地球资源卫星。

——[美国]哈里斯.世界探险史.济南：山东画报出版社，2006

1960年深海潜水进入了一个新纪元，1月23日发明家的儿子皮卡德和沃尔什一起登上了美国军用潜艇“特里雅斯特号”，成为历史上的一件大事。他们的潜水艇在上午8：15从支持船上解缆下水，潜入西南太平洋中的马里亚纳海沟。下午1：06分潜水艇触及海底，他们到达了水下10900米的世界，即使现在也鲜为人知。不到25分钟，他们开始上升，将到下午5点时潜水艇浮出水面，这次到未知世界的旅程持续了近八个半小时。

——[美国]哈里斯.世界探险史.济南：山东画报出版社，2006

于是候劲风，揭百尺，维长绡，挂帆席，望涛远决，冏然鸟逝，鹬如惊凫之失侣，倏如六龙之所掣。一越，三千不终潮而济所届。

——西晋·木华.海赋

早在距今7000年前的新石器时代晚期，中华民族的祖先已能用火与石斧“刳木为舟，剡木为楫”，揭开了利用原始舟筏在海上航行的序幕。到夏、商、周和春秋战国时期，随着木帆船的逐步诞生，出现了较大规模的海上运输与海上战争。到秦汉时代，海船逐步大型化以及掌握了驶风技术，出现了秦代徐福船队东渡日本和西汉海船远航印度洋的壮举。在三国、两晋、南北朝时期，东吴船队巡航台湾和南洋，法显从印度航海归国，中国船队远航到了波斯湾。从隋唐五代到宋元时期，中国航海业全面繁荣、海上丝绸之路远界红海与东非之滨。

——中国航海学会.中国航海史.北京：人民交通出版社，1985

“航海是一门综合性的工程应用科学和技术，古代航海只是一种技艺，至15世纪初才逐渐发展为技术……而到了19世纪中叶，它的科学形态才逐渐取得完善。这一过程与19世纪中叶自然科学的整体发展是一致的。”

——冯兴耿.中国航海技术辩证法.大连：大连海事学院出版社，1995

“物质资料生产的需要是航海和航海科技产生的根本原因和直接动力；经济、生产发展的需要是航海科技发展的根本动力；军事、战争的需要是航海科技发展的重要动力；基础科学、技术科学和其他相关科技的发展是航海科技发展的一个重要推动力量。”

——冯兴耿. 中国航海技术辩证法. 大连：大连海事学院出版社，1995

郑和，云南人，世所谓三保太监者也。初事燕王于籓邸，从起兵有功。累擢太监。成祖疑惠帝亡海外，欲踪迹之，且欲耀兵异域，示中国富强。

——《明史》中关于郑和下西洋的记载

永乐三年六月，命和及其侪王景弘等通使西洋。将士卒二万七千八百余人，多赍金币。造大舶，修四十四丈、广十八丈者六十二。自苏州刘家河泛海至福建，复自福建五虎门扬帆，首达占城，以次遍历诸番国，宣天子诏，因给赐其君长，不服则以武慑之。五年九月，和等还，诸国使者随和朝见。和献所俘旧港酋长。帝大悦，爵赏有差。旧港者，故三佛齐国也，其酋陈祖义，剽掠商旅。和使使招谕，祖义诈降，而潜谋邀劫。和大败其众，擒祖义，献俘，戮于都市。

——《明史》中关于郑和下西洋的记载

和经事三朝，先后七奉使，所历占城、爪哇、真腊、旧港、暹罗、古里、满剌加、渤泥、苏门答腊、阿鲁、柯枝、大葛兰、小葛兰、西洋琐里、琐里、加异勒、阿拨把丹、南巫里、甘把里、锡兰山、喃渤利、彭亨、急兰丹、忽鲁谟斯、比剌、溜山、孙剌、木骨都束、麻林、剌撒、祖法儿、沙里湾泥、竹步、榜葛剌、天方、黎伐、那孤儿，凡三十余国。所取无名宝物，不可胜计，而中国耗费亦不赀。自宣德以还，远方时有至者，要不如永乐时，而和亦老且死。

——《明史》中关于郑和下西洋的记载

早在公元前2500年以前，古埃及就有人驾驶帆桨船沿地中海东航至黎巴嫩，后来又沿红海南航至今索马里或也门。腓尼基人当时就建造了巨型桨船，顺风时能扬帆航行，古希腊人毕菲在公元前4世纪在海上探险中发现了不列颠群岛。中国的火药、造纸、印刷术、罗盘（指南针）四大发明在14世纪前后，分别由阿拉伯人和埃及人传入欧洲，在15、16世纪欧洲资本主义生产方式有了萌芽，欧洲海洋国家的航海活动取得了伟大的成果。在郑和下西洋（公元1405—1433年）之后，87年、92年、114年，1492年意大利人哥伦布横渡大西洋到达美洲，1497年葡萄牙人达·伽马绕过好望角远航印度，1519年葡萄牙人麦哲伦向西作环球航行，是西方历史学家所谓“地理大发现”最重要的标志。

——航海技术专业介绍.百度文库（http://wenku.baidu.com/view/af99436925c52cc58bd6bee0.html）

航海是引导船舶安全地从地球水面一地到另一地的技艺。

——航海技术专业介绍.百度文库（http://wenku.baidu.com/view/af99436925c52cc58bd6bee0.html）

航海曾经被认为是一种技艺，现在已经成为一门科学和技术。

——航海技术专业介绍.百度文库（http://wenku.baidu.com/view/af99436925c52cc58bd6bee0.html）

航海是“在海上确定船位，将船由一地安全迅速地引导到另一地的技术的总称。”

——日本世界大百科事典. 平凡社编纂出版，1968

航海通常包含了科学仪器和方法的发展，并且还包含了计算在内，航海仪器的熟练应用及对各种有用资料的解释，则可以被认是一种技艺。

——航海技术. 百度百科（http://baike. baidu. com/view/258746. htm）

航海带来的地理大发现引起了农业的巨大变化。欧洲从美洲引进了玉米和土豆。菜豆、西红柿、南瓜也丰富了食物品种，此外还有进口的产品：咖啡、可可、香子兰、茶叶和香料。欧洲也深刻地改变了美洲经济，向美洲输送了马、牛、羊、粮食作物、葡萄、油橄榄树、甘蔗、大米。在非洲，欧洲人引进小麦、木薯、菜豆、如树果、西番莲果、白薯、大米和茶叶。在中国，他们推广美洲品种，例如花生，还有玉米。玉米的大量生产是自16世纪起人口增长的原因之一。

——[法国]加亚尔. 欧洲史. 海口：海南出版社，2000

麦哲伦起航的时候，邀请他的朋友法来洛同行，法来洛没有去：他看星象知道这次航程中管天文的人是要遇难的。后来他的替身果然在一个岛上被杀。

——吕叔湘. 文明与野蛮. 北京：生活·读书·新知三联书店，2005

当哥伦布的伟大发现的消息传到中世纪的证券交易中心——威

尼斯的利奥尔托岛时,引起了一片恐慌。证券、债券暴跌40%到50%。过了不久,他们看到哥伦布想要发现的通往中国的道路没有成功,威尼斯商人才从惊恐中恢复过来。但是,达伽马和麦哲伦的航行证实了通往印度的东方水路是切实可行的。于是,中世纪和文艺复兴时期的两大商业中心——热那亚和威尼斯的统治者们开始为当初没有听从哥伦布的劝告而感到后悔。他们同东印度群岛等地和中国的陆路贸易降低到无足轻重的比例。意大利昔日的光荣已不复存在。大西洋成为新的商业中心,因而也是文明的中心,直到今日仍然如此。

——[荷兰]房龙.伟大的发现.上海:文汇出版社,2010

日本国是一岛,在东方大海中,距陆一千五百浬。其岛甚大,居民是偶像教徒,而自治其国。具有黄金,其数无限,盖其所属诸岛有金,而地距陆甚远,商人鲜至,所以金多无量,而不知何用。

——冯承均译.马可波罗纪行.石家庄:河北人民出版社,1999

陆止于此,海始于斯。

——[葡萄牙]卡蒙斯.卢济塔尼亚人之歌.北京:社会科学文献出版社,1992

我教礼拜五驾船的技术:因为虽然他能够熟练地用桨划船,对于帆和舵却是全然不知,因此见我换舵,则船在海面上来来往往,而随着航向变动,帆时在左舷,时在右舷,总之总是借足风力,不由得看得目瞪口呆;没错,他看到这所有时,更是惊奇地愣在那里了。但经过一段时间的操作,我教他熟悉了这些东西,他成了熟练的驾船者,仅是对于罗盘仍旧是一窍不通,我无论如何讲都难让他明白。不过话得说回来,那一带的天气以晴朗居多,即使不能讲从未有雾天,至少

下雾的天气也是难得一见的。既然晚上总能见到星星，白天总看到海岸，因此罗盘也不怎么用得着，自然雨季的情况除外，无人愿意出去，无论走陆路或是水路。

——[英国]丹尼尔·笛福.鲁滨孙漂流记.杭州：浙江文艺出版社，2003

库克船长是活跃在18世纪的英国探险家，他不仅擅长航海，并精通数学、天文学与测量术。大航海时代探险家的目的通常在于寻宝，而库克则是历史上第一个在科学探测、调查上带来卓越贡献的伟大航海家。历经三次远航，库克在太平洋地图上详细记下了夏威夷、汤加等无数的岛名。他也进行沿岸测量和天文观察，证明了经度测定上使用天文钟的效度，并著述有关坏血病的论文，留下了多姿多彩的功绩。

——[日本]21世界研究会.地名的世界地图.沈阳：万卷出版公司，2007

英国拥有千艘军舰，并不是仅仅有此千艘军舰。既然有千艘军舰，就必然要有万艘商船，有万艘商船必然要有十万海员，培养海员也不能没有学问，因此，学者也要多，商人也要多，法律也要完备，商业也要发达。举凡人类社会所需要的一切事物都完全具备，恰好能够适应千艘军舰的需要，所以才能拥有千艘军舰。

——[日本]福泽谕吉.文明论概论.北京：商务印书馆，1982

即使是在海上航行时对船的简单的操纵过程中，我也经常注意到，担任连续观察任务的军官们会做出不同的判断，对风的判断也是如此。一个人想把船帆放松些，另一个人想把船帆收紧些，似乎没有一定的规律可循。但我认为可以制定一套试验规则，首先确定最适于快速行驶的船体形状，其次确定船桅的最佳高度和最佳位置，然后根据可能的风向和风力确定船帆的形状和数目，最后再确定装卸方式。当今是一个试验的年代。我相信，一套准确的综合试验可能会产生很大的作用。我也相信，不久的将来会有某一位科学家进行这些试验。我预祝他成功。

——[美国]富兰克林.富兰克林自传.南京：译林出版社，2009

商人苏莱曼是最重要的阿拉伯探险家之一，他的《与印度和中国的关系》一书写于751年，记述了他从波斯湾、苏门答腊岛和中国广东省等地的旅行。苏莱曼的书中提供了很多有用的信息，比如做生意的规矩和航行路线等等。但是一个世纪后，一个名叫扎伊德的作家更新了书中的内容，不仅增添了事实，而且还加入了虚构的故事。

——[美国]哈里斯.世界探险史.济南：山东画报出版社，2006

一个对英国探险做出最大贡献的人物是迪伊。此人是一位数学家，他还研究地理和当时的其他科学项目。他研究古代和中世纪权威人士的观点，并参照哥伦布和其他海上探险家的探险情况，得出结论：到亚洲的航线有三条，一条航线是绕过非洲，另外一条是经过南美的麦哲伦海峡。正如在如今的美洲南端有一条海峡一样，在北方也会有一条西北航道。迪伊相信，船只可以向正北航行，越过北极，到达亚洲。第三条航线对英国商人和探险家前景最广阔，是从挪威北部的北角向东航行，到达亚洲。

——[美国]哈里斯.世界探险史.济南：山东画报出版社，2006

最伟大的航海探险家之旅产生于科学观测计划的实行。1761年欧洲天文学家联合观察金星经过太阳表面，通过比较读数，他们可以得知太阳系各大行星之间的距离，但是由于阴天，结果令人失望。金星与太阳交汇产生的几率很小，比如20世纪从未发生过一次。但是在18世纪，金星凌日将会再次发生，时间是1769年。英国科学家为这次金星凌日选择了三个观察点，其中一个大致定在太平洋上。海军同意派一个军官和一艘舰艇前去太平洋，他们把指挥权交给了39岁的海军上校詹姆斯·库克。库克曾对加拿大的圣劳伦斯河和纽芬兰海岸进行过勘察，赢得了上司的广泛赞扬。

——[美国]哈里斯．世界探险史．济南：山东画报出版社，2006

美国的商船从波士顿出发，到中国采购茶叶。船到广州后，停留数日便起航回国。在不到两年的时间内，船便航行了相等于绕地球一圈的距离，而且往复在途中只各靠岸一次。在历时八个月或十个月的单程航行中，船员们喝的是咸水，吃的是腌肉。他们要不断同海洋、疾病和厌倦拼搏。但回来后，每磅茶叶的售价可比英国商人的便宜四分之一便士。他们达到了目的。

——[美国]托克维尔．论美国的民主．北京：商务印书馆，2009

天才的皇家学会编年史作者斯普拉特认为：航海方面的进步是皇家学会的主要成就之一。正是改进航海方面的兴趣直接导致了格林威尼治天文台的建立。当时的科学家，从不屈不挠的配第到无与伦比的牛顿，都明确地把注意力集中于由航海问题引出的技术课题和由此衍生出来的科学研究之上。

——[美国]默顿．十七世纪英格兰的科学、技术与社会．北京：商务印书馆，2009

到1800年，中国和西方的伟大相遇结束了。它的终止，由于西方通过航海探险、技术革新和后殖民主义而实现的对世界其他地区的显著优势，也由于中国自身的持续衰退的过程。正是由于西方的胜利，欧洲人和其他北美的后裔以为自己足够进步，已经无需从中国这样的落后国家取得更多的基本价值观。不再是用19世纪前得那种溢美之词说着“庞大且伟大的中华帝国”。现在的西方人将中国称为“不可理解的东方”。由于过去的辉煌，中国特质仅仅成了那种引发异国情趣的源泉，而不再是重要的当代知识的源泉。

——[美国]孟建卫. 1500—1800中西方的伟大相遇. 北京：新星出版社，2008

庞大固埃出航：配备有相同数量的三层桨战船、大划船、大帆船、利布尼亚快船，船上机械装备齐全，载有大量的庞大固埃草，临行前还加固了船身。船队的全体成员，包括官员、翻译、向导、船长、舵手、船员、桨手、水手全都来到庞大固埃所乘坐的旗舰报到。这艘“主舰”与其他船只有显著的区别，其突出的标志就是在船尾上树立了一个巨大的酒瓶，一半异常金碧辉煌，上面还镶嵌着耀眼的红色珐琅，红白两种颜色搭配得恰到好处，象征着航海者地位的尊贵。这些航海者蓄势待发，时刻准备着出海寻访神瓶的圣谕。

——[法国]拉伯雷. 巨人传. 天津：天津人民出版社，2008

英国人终于在出发9个月后，即1793年6月19日看到了中国。第二天早晨，他们在澳门海面上停泊，中国就在那边，相距不远。但马尔嘎尼不敢靠岸，生怕中国把他的船扣了。马尔嘎尼拒绝从规定的口岸进入中央帝国，连澳门也不能吸引他，因为澳门虽已是中国，但它还不完全是中华帝国。

——[法国]佩雷菲特. 停滞的帝国，两个世界的撞击. 北京：生

活·读书·新知三联书店,1993

罗马时期的高卢船只:他们的舰只是这样建造和装备起来的:船身的龙骨比我们的要平直得多,因而遇到浅滩和落潮时,更容易应付。船头翘得很高,船尾也一样,适于抵御巨浪和风暴。船只通身都用橡树造成,经受得起任何暴力和冲击。坐板是一罗尺来粗的木头横档做成的,用拇指那样粗的铁钉钉住。扣紧锚的也是铁链而不是普通的缆绳。帆是用毛皮或精制的薄革制成的。所以,使用这些东西,不是因为他们缺乏或不知道利用亚麻,更可能是因为他们认为要经得起洋面上如此险恶的波浪、如此猛烈冲击的飓风,要驾驭如此重载的巨舶,帆是不适合的。如果我们的舰队和他们的船只一朝相遇,我们的舰只在速度上和使用桨这一点上胜过它们,至于其他,就这地区的自然条件和风浪险恶而论,他们的船只各方面都比我们更合适、更可取些。他们的船只造得如此之坚牢,我们既不能用船头上的铁嘴去撞伤它们,又因为它们高,也不容易把投掷武器投掷上去,由于同样原因,它们不可能被铁钩搭住。再加上恰逢风暴发作时,他们可以乘风扬帆,处之泰然,既能够从容应付风暴,又可以安然停泊在浅滩里,即令退潮,也不怕那些岩石和暗礁。这些危险,却都是我们的舰只所要担心的。

——[古罗马]恺撒.高卢战记.北京:商务印书馆,1979

要知道,哥伦布率领的是三艘刚刚下水、装备一新、给养充足的新船。他的航程总起来才三十三天,而且早在登陆前一个礼拜,浪峰卷来了芦苇,随风飘忽的从未见过的树干和林鸟,都使他能够确定,不远的地方就是大陆。而麦哲伦向未知王国冲刺时,既不是从欧洲故土,也不是从久居之乡,而是从严寒的异国土地帕塔戈尼亚,他的人已被几个月的艰难困苦弄得筋疲力尽。饥饿和痛苦过去折磨他们,饥饿和痛苦现在仍然伴随他们,饥饿和痛苦以后还将继续威胁他们。

——[奥地利]茨威格.麦哲伦传.北京:北京广播学院出版社,2002

一些西行的海员们,迷惑不解地竟然从日历上丢了一天。这一秘密,只有靠麦哲伦的航行才被揭示出来:通过准确的观察,证实了赫拉克利特在基督纪元开始前四百年就提出的假说,证明了地球在宇宙中不是静止不动的,而是围绕地轴匀速旋转的,如果随着地球旋转的方向向西航行,就能日积月累多出一点点时间来。这个新发现的真理——世界各地的时间是不同的——使16世纪的人文主义者大为震动,就像相对论使当代人大为震动一样。

——[奥地利]茨威格.麦哲伦传.北京:北京广播学院出版社,2002

威尼斯人以航运为生,名震四海,受到全意大利各地尊敬。威尼斯人的威望如此之高,以至于意大利各地之间发生纠纷时,一般都请他们当仲裁,联盟各国之间因划分地区之间发生纠纷时,一般都请他们当仲裁。

——[意大利]马基雅维利.佛罗伦萨史.北京:商务印书馆,2001

新英格兰的捕鲸活动最早开始于1645年。19世纪早期,很多新英格兰人都是靠捕鲸发家的。

——[英国]戈登.财富的帝国.北京:中信出版社,2007

随着鲸油价格的不断上涨,寻找廉价替代品的需求十分迫切,这直接导致了石油炼制工业的诞生。

——[英国]戈登.财富的帝国.北京:中信出版社,2007

大海时而冰封,时而解冻,弄得爱斯基摩人既不好划船,又不能驾驭狗拉雪橇,所以没法外出猎海豹。他们的现金收入全靠海豹皮,这样一来只好雕刻海象牙,搞点钱来,维持生计。可以说每年这个时候是爱斯基摩人最艰苦的日子,他们翘首以盼冰层早日厚结。

——[日本]植村直己.北极纪行.武汉:湖北科学技术出版社,1987

一艘名叫"新地号"的奇特的船把他们送到了冰海的边缘。之所以说这艘船奇特,是因为它装有双重的装备,一半像诺亚方舟那样载满活的动物,一半是一个具备成千件仪器和大量图书的现代化实验室。因为人为了维持生命所必需的一切和精神食粮也都必须随身带到那空寂无人的世界去。

——[奥地利]茨威格.争夺南极的斗争.人类群星闪耀时.西安:陕西人民出版社,2009

五、海洋文化

海也者，能发人进取之雄心也。陆居者以怀土之故，而种种之系累生焉。试一观海，忽觉超然万累之表，而行为思想，皆得无限自由。彼航海者，其所求固在利也，然求之之始，却不可不先置利害于度外，以性命财产为孤注，冒万险一掷之。故久居于海上者，能使其精神日以勇猛，日以高尚，此古来濒海之民，所以比于大陆者活气较胜，进取较锐，虽同一种族而能忽成独立之国民也。

——梁启超. 饮冰室合集·文集三十. 见地理与文明之关系. 北京：中华书局，1936

大海给了我们茫茫无定、浩浩无际和渺渺无限的观念；人类在大海的无限里感到他自己的无限的时候，他们被激起了勇气，要去超越那有限的一切。大海邀请人类从事征服，从事掠夺，但是同时也鼓励人类追求利润，从事商业。平凡的土地、平凡的平原流域把人类束缚在土壤上，把他卷入无穷的依赖性里边，但是大海却挟着人类超越了那些思想和行动的有限圈子。航海的人都想获利，然而他们所用的手段却是缘木求鱼，因为他们是冒了生命财产的危险来求利的。因此，他们所用的手段和他们所追求的目标恰巧相反。这一层关系使他们的营利、他们的职业，有超过营利和职业而成了勇敢的、高尚的事情。从事贸易必须要有勇气，智慧必须和勇敢结合在一起。……这种超越土地限制、渡过大海的活动，是亚细亚洲各国所没有的，就

算他们有更多壮丽的政治建筑，就算他们自己也是以海为界——像中国便是一个例子。在他们看来，海只是陆地的中断，陆地的天限；他们和海不发生积极的关系。

——黑格尔著，王造时译.历史哲学.上海：上海书店出版社，1999

海洋孕育了地球上的所有生命，被称为人类可开发利用的第六大洲，是人类文化原创与发展的永久领地和源泉。大航海时代，东西方文明汇合于海上，且终成格局，预示了一个和谐发展的整体世界在海上形成。

——薛三让.重塑海洋文化自信的战略考量.中国海洋大学学报，2007，(2)

在海洋文化的发展道路上，冲突是短暂的，融合才是大趋势。正因为如此，也正是从这个意义上可以说，新海洋文化的形成，带有必然性。因为外来文化完全同化海洋国原有文化的企图大多数以失效告终，至少不可能完全奏效，而是融合形成新的文化类型——海洋文化。同时，外来文化与海洋国家原有文化之间隔绝对峙的状态，也必然会为文化之间的相互浸透，相互吸收所代替，各文化集团之间的坚冰必然会被打破。世界各地海洋国家文化历史表明，从各种文化的冲突到各种文化的互相吸收适应、融合而形成的海洋文化，是一个大势所趋的必然结局。

——何立居.海洋观教程.北京：海洋出版社，2009

何谓中国的海洋？这里有几层含意：一是地理的，指中国的海洋区域和海洋专属经济区内的生态环境和海洋资源；二是社会的，指中国的海上力量，包括开发、利用、管理、控制海洋的政治力、经济力、军事力，即中央政权和民间社会经略海洋的实力；三是文化的，指中国创造海洋文明的运作机制和发展模式。对于这三者的来龙去脉，国人以往了解和研究不多，现时也没有完全形成共识。

——杨国桢.海洋迷失：中国史的一个误区.东南学术，1999，(4)

海洋社会，指在直接或间接的各种海洋活动中，人与海洋之间、人与人之间形成的各种关系的组合，包括海洋社会群体、海洋区域社会、海洋国家等不同层次的社会组织及其结构系统。

——杨国桢.论海洋人文社会科学的概念磨合.厦门大学学报，2000，(1)

海洋意识，是海洋社会群体对自身所处海洋的认知和感悟，是沿海民众与朝夕相处的海洋物质世界互动后的观念、情感在心理上的折射与升华。

——王万盈.东南孔道——明清浙江海洋贸易与商品经济研究.北京：海洋出版社，2009

海洋文化是一门新兴的交叉性、综合性学科，它既包含了人文科学、社会科学学科与自然科学、工程技术学科，又包含了基础理论学科与应用科学学科，具有重要的学术价值、现实意义和发展潜力。海洋文化史……既涉及海洋文化的各个层面，如精神文化、制度文化、物质文化，也涉及历史学的各种专门史领域，如政治史、经济史、外交史、军事史、文化史、思想史、科技史、艺术史、文学史、民俗史等。更细的当然还有海疆史、海岛史、海防史、海军史、海战史、航海史、造船史、海关史、海产史、海港史、海洋文学史、海洋艺术史等，还包括海洋意识、海防观念、海洋政策、海路交通、海上贸易、海洋社会、海外移民等,涵盖面极其广泛,内容极其丰富。

——王晓秋.海洋文化的历史视野.见中国海洋文化史长编·序(先秦秦汉卷).青岛:中国海洋大学出版社,2008

海洋文化作为人类文化的一个重要的构成部分和体系,就是人类认识、把握、开发、利用海洋,调整人与海洋的关系,在开发利用海洋的社会实践过程中形成的精神成果和物质成果的总和,具体表现为人类对海洋的认识、观念、思想、意识、心态,以及由此而生成的生活方式包括经济结构、法规制度、衣食住行习俗和语言文学艺术等形态。

——曲金良.发展海洋事业与加强海洋文化研究.中国海洋大学学报,1997,(2)

海洋文化是人们从事涉海活动中所创造的物质财富和精神财富的总和,它既是人们从事涉海生产与其他涉海实践活动的产物,同时又是人类自身发展及社会关系变化的确证。

从文化构成学的角度看,海洋文化大致由三个层面的文化内容所构成。其一,涉海人群在生产活动中所创造的物质性海洋文化成果;其二,与涉海人群的生产、生活直接相关的海洋行为文化;其三,总结海洋文化经验,体现海洋文化精神的意识性海洋文化内容。

——柳和勇.舟山群岛海洋文化论·绪论.北京:海洋出版社,2006

可以概括地说,海洋文化就是人类在社会历史发展过程中,认识、把握、开发、利用海洋,调整人与海洋的关系所形成的与海洋有关的物质财富和精神财富的总和。海洋文化涵盖人类与海洋有关的认识和创造,包括器物、制度和精神创造,如造船、航海、海运、捕鱼、养殖、制盐,以及有关海洋的神话、民俗和海洋科学等。人类适应、利用海洋的过程,就是海洋文化逐步形成的过程。海洋文化是人与海洋互动的产物,同时人与海洋的这种互动关系也属于海洋文化。海洋文化是相对于大陆文化而言的,人类文化就是由大陆文化和海洋文化组成的。从范围看,海洋文化有海洋区域文化、一国的海洋文化和人类的海洋文化。海洋文化只是一国整体文化或世界文化的一种特殊表现形态,是一国整体文化或世界文化的重要组成部分。因此,海洋文化既有文化的一般特征,又有其特殊性。其一般特征就是,海洋文化也是人类社会经济的发展;其特殊性主要表现在“海洋”两字上。海洋文化由精神和物质两大层面构成,前者指海洋文化中的精神财富部分,后者指海洋文化中属于物质财富的部分。由此,可从物质、制度、精神三个层面来探讨海洋文化的构成。

——诸惠华,蒯大申.南汇海洋文化研究.上海:上海人民出版社,2008

海洋物质(器物)文化,主要是指人们认识、开发、保护海洋能力和活动的物质体现,如船帆桨橹、盐田渔具等,它们是可以直观感知的,是一种表层次的文化。

海洋观念(精神)文化,一般也可以称为海洋意识,主要是指认识和开发海洋活动中形成的海神信仰和海洋观等,反映的是对海洋的心理感知和价值认识。

海洋制度文化,指开发和保护海洋的历史过程中形成的协调人与海洋、人与人之间关系的各种制度。它是介于观念和器物之间的一种居中层次的文化,它既没有具体的存在物,又不是抽象的难以体

察。它包括与海洋活动相关的禁忌、仪式、风俗、惯例、习惯法以及各种明文的典范规则等。在现当代,国家或地方的海洋战略、海洋政策、海洋管理体制、海洋法律法规等更是海洋制度文化的重要组成部分。

——吴继陆.论海洋文化研究的内容、定位及视角.宁夏社会科学,2008,(4)

从中国古代广大沿海地区悠远的海洋文明曙光、海洋资源开发、海洋自然灾害防治、航海、海洋政策、海战、海洋题材文学艺术、海洋宗教、海洋风俗、海洋哲学等方面的丰富内容来看,中国古代确实存在着灿烂的海洋文化。但是以中国为代表的东方海洋文化确实与西方有着巨大的差异。中国传统海洋文化有着鲜明的农业性,这可以从以下三个方面来看:

第一,中国海洋文化的形成和发展,与沿海农业经济区的形成和发展分不开。沿海陆地农业的发展要用海之利,避海之害,这就使中国的海洋文化,不能不具有鲜明的农业性。为了保卫河口海岸地区的农业区,有力地抵御风暴潮的危害,中国古代建起了宏伟的海滨长城——海塘。古代广泛发展的航海是民间的近海航行。即使国家进行的大规模的南北海上漕运也只是陆地漕运的一种替代或补充。

第二,以海为田。靠海、吃海、用海是中国古代海洋文化的基本内涵。我国早在原始社会就发展起海洋采集和捕捞。进入农业社会后,海洋渔业仍是沿海农业经济区肉食的主要来源。由于某些水产品需要日益增长,于是人们像发展陆地农业一样发展海洋种植。

第三,海洋文化中的大陆文化因素。海洋是一种重要的商品交换和文化交流通道,所以海洋文化有着较强的开放倾向。但是,实际的中国古代海洋文化都与西方的不同,有着一定的内聚倾向,这不能不说是黄河农业文化制约的结果。

如果把西方海洋文化称为海洋商业文化，那么中国等东方国家的海洋文化则可称为海洋农业文化，两者均是世界海洋文化的基本模式。由此不仅纠正了长期来国内外学术界关于东方国家没有海洋文化的错误印象，使世界基本海洋文化结构由单元变成了多元，也为中国传统文化的多元结构增加了一种基本的海洋成分。

——何立居.海洋观教程.北京:海洋出版社,2009

海洋文化有以下三个最显著的特征：一是大气。所谓"大气"是指一种胸襟，一种宏观的气度与气魄。首先表现为非凡的想象力与浪漫主义精神。二是创新。大海亘古常新，具有恒定与变动两重特性，海洋文化是一种喜新不厌旧的文化。三是包容。"海纳百川，有容乃大"。海洋文化的另一个重要特征是它的包容性与多元化，细大不捐，包罗万象，涵盖古今。

——王学渊.海洋文化是一种先进文化.海洋开发与管理,2003,(3)

中国历史上的海洋文化具有强烈的悲天悯人、救苦救难的道德取向，缺乏向大海寻求旷世伟业的个人英雄主义色彩。

西方人航海的目的除了聚敛财富，就是为了殖民。东方文明与西方海洋文明的强烈扩张性形成了鲜明对照。当时的中国大陆有数十倍于欧洲的人口，但是在整个大航海时代，中国没有向海外主动进行过任何形式的殖民活动。

中国的海洋文化具有强烈的自然主义色彩，与西方海洋文化中浓厚的人文主义有着本质的区别。在中国的传统文化中，在自然面前，人类显得脆弱和渺小，从而使人们对自然力充满恐惧与敬畏；而在西方的文化中，海洋不过是人类活动的背景和舞台。东西方海洋文化在表现形式和价值取向上的差异，导致世界上两大文明板块不

同的发展模式和发展路径。

——刘玉梅.跨文化视角下的世界海洋文化.海南广播电视大学学报,2010,(2)

我国是世界上重要的海洋大国之一,也是世界上重要的海洋文化大国之一。中华民族自古与海洋有着不解之缘。在中国数千年的悠久历史中,中国人不但创造了丰富灿烂的海洋文化,而且形成了不同于西方海洋发展模式的独具的、凸显的、中国式的海洋文化传统。每个与海洋相关的国家和民族,都有各自不同的海洋民俗文化,这与一般的民俗文化相类似。东西方海洋文化各自崇拜不同的神祇,他们有着共同之处,那就是勇敢的冒险精神。然而,中国人对海洋的征服从来只限于自然方面,不像西方人将对海洋的征服扩大为对人的征服。所以,中西方海洋文化在这一点上产生很大的分歧,从而发展出不同的文化观。两种不同的神灵崇拜,代表着不同的文化精神:东方是妈祖;在西方世界,最著名的海神是古希腊传说中的波塞冬。在海神波塞冬的身上,人们看到了西方海洋文化的冒险、征服、掠夺、欺诈、霸权的特征,反映了欧罗巴人种个性的阴暗一面。古希腊人认为弱者服从强者是人类的天性,其他的民族若是不如希腊强大,希腊人便可将其掳来作为奴隶。可见,希腊文化的本质是一种崇拜强者的文化。在这种文化观点的支配下,希腊人发展起一种以征服、冒险、掠夺、霸权为主的海洋文化。而在中国民间的妈祖信仰之上,人们看到的是中国的海洋文化特色——和平、自由、平等、共存的文化精神。这一文化精神基于中国文化的传统,也是人类文化的共同财富。在中国的民间传说里,妈祖身披着吉祥的红衣,在茫茫大海上飘行,哪里有海难,她便赶去营救落难者,给人们带来安全、好运、吉祥。可见,东西方海神的区别首先表现在外形上,它们是各自文化传统的产物，离开其文化传统都是无法生存的。在古希腊神话里，女神是没有地位的，希腊人认为，只要有了胜利，就有了一切。而东方人不像西方人那样过于崇拜力量，妈祖所体现出来的神性最主要的是爱。这种爱，不是情爱，而是母亲爱护儿女的无私的爱，是只讲奉献、不求回报的爱。在妈祖身上，人们可以看到东方海洋文化的精神。我们盼望古老的东方文化精神能在新的世纪得到传扬和发展。

——李瑶.浅谈妈祖信仰对我国海洋文化的影响.见国家海洋局直属机关党委办公室编.中国海洋文化论文选编.北京:海洋出版社,2008

海洋人文类型是和陆域的各种人文类型相对应的。农业人文类型活动的主要场所是田地，游牧人文类型活动的主要场所是草原，海洋人文类型活动的主要场所是大海。人类用力的方向不同，创造出来的文明形式也就有差别。

海洋人文类型的内质结构，是它的海洋性。这里的海洋性，既包括人类对海洋自然属性的认知和把握，又包括人类缘于海洋所创造的生产生活方式的社会属性。靠海吃海，是它的本质特征。虽然造船、港口、货物和用品供应等等都离不开陆地，海洋人文也带有陆地性，但毕竟是次要的、第二位的。

海洋人文的运作机制，是它的流动性。海上活动随着大海的四通八达，不断变化，流动的船就是安身立命的家。他们所登上的陆地，地点也是不停地变换。回归海洋本位来看，他们是开发、利用海洋的主体，是大海的主人，而不是被陆地抛弃的“流民”。流动性伴随着竞争冒险的进取意识与漂泊无根的悲情意识，用于接触外部世界的开放意识与个体自觉意识。丧失流动性，也就丧失了发展的动力。

海洋人文的社会价值取向，是它的趋利性。追寻四处游动的鱼群，是为了出卖；扬帆出海，是追求高额利润。为经济利益冒险轻生，见利忘义，财富滚滚而来的海商、海盗，是人民崇拜的英雄。丧失了趋利性，也就丧失了存在的价值。

创造海洋人文的主体，是直接从事海洋活动的社会群体，包括官方和民间的各种海上力量。各种社会群体组合的“船上社会”，都有自己的组织制度、行为方式，带有小社会的特征，和陆地社会具有显著差别。偶尔或间接从事海洋活动的沿海陆域社会群体，也参与海洋人文的创造，但情况就复杂一些。他们陆地性、海洋性兼备，有的是弃陆下海，如沿海的农民、贫民、知识分子转化为海洋移民，保留浓厚的陆地性，有强烈的乡土意识；同时又把乡土意识“海洋化”，使依附土地的乡族认同变为海上船帮的籍贯认同，把农村护境神转化为海上保护神。有的是弃海登陆，如渔民转化为以土地为生的农民，同时又把海洋作业方式“农牧化”，从事水产养殖，保留了海洋性。

上述关于海洋人文类型的特征，是针对创造海洋人文的主体而言的。至于陆地性，显然是海洋人文与陆地人文互动的结果，必须也可以置于海洋人文与农业人文的互动关系中加以解读。

——杨国桢. 瀛海方程：中国海洋发展理论和历史文化. 北京：海洋出版社，2008

浙江是海洋大省，涉海活动历来是浙江人重要的生产、生活内容，也是浙江经济、文化的重要构成部分。

1. 浙江海洋文化的特点

在浙江海洋文化的长期发展中，形成了不同于中国其他区域海洋文化的特色内涵。从文化构成学的角度看，浙江海洋文化特色内容主要由以下四个层面构成：其一是历史悠久、精致创造的物质性海洋文化;其二是具有协作团队性特色的海洋行为文化;其三是体现了海洋文化一定实质性内涵的海洋商贸精神;其四是粗犷与柔和相济的海洋审美文化。这四个层面的特点相互联系、互为影响,并统一呈现出浙江海洋文化灵动进取的代表性特点。

2. 浙江海洋文化的发展

从秦汉时期至隋唐为浙江海洋文化发展的初盛期。在此时期,浙江造船、航海等利用海洋资源的能力得到加强,对外贸易、海洋捕捞等方面得到全面发展。随着明州、温州大量建造海船,浙江成为全国造船业发达地区之一。浙江还形成了具有一定规模的浅海滩涂渔业。

宋元两代是浙江海洋文化发展的鼎盛时期。此时浙江的造船技术居全国领先水平,并成为全国的造船中心;海洋贸易进一步扩展,同东南亚各国乃至印度和阿拉伯国家都有丝绸等物品的交换贸易,同时,浙江民间的海洋贸易也十分活跃;出现了以叶适为代表的“永嘉学派”,重视商贸,形成了具有一定体系性的海洋商贸文化思想,标志着浙江海洋文化思想处于全国最高水平。航海、筑塘等物质性海洋文化继续发展,技术水平进一步提高;航海中已应用了指南针,提高航海的安全性,通行地区更广。宋代浙江出现了较大的船网工具,海洋渔业生产方式从涂面采捕逐渐发展到近海捕捞,渔业产量得到大幅提高。

明清两代,浙江海洋文化发展渐趋式微,其在中国海洋文化中的地位和作用逐渐下降。明初,浙江仍然是重要官营造船基地之一。明清两代较长时期例行海禁,严重阻碍了浙江造船、航海、海洋捕捞及海洋贸易的发展。只有海洋渔业因发展以大对船为主的近海捕捞,和张网、流、钓作业等渔业技术日臻完善,是海洋渔业捕获量有了较大增加。

——张令品.沿海省份的海洋文化研究与发展.见国家海洋局直属机关党委办公室编.中国海洋文化论文选编.北京:海洋出版社,2008

宁波大陆海岸线总长830千米,其中基岩海岸占28.4%,境内岛礁星罗棋布(共有441个岛礁),其中有人常住岛和临时住人岛各22个。此外,宁波还有丰富的海涂资源,全市共有杭州湾、南岸、象山港、大目洋和三门湾4片大的海涂,合计9.62万公顷。在这片辽阔的区域内,蕴藏着丰厚的海洋文化,具体主要体现在以下几个方面:

(1)源远流长的海洋商业文化。在唐、宋、元、明时期,宁波港便成了著名的"海上丝绸之路"发端地。

(2)浩气长存的海洋军事文化。宁波的海防遗存以明代海防为主,类型系列比较齐全,卫、所、巡检司、兵寨、关、瞭望台、烽火台等各型遗址均有。

(3)多姿多彩的海洋民俗文化。与海相伴、靠海为生的劳作方式,深深地影响着宁波沿海人民的生活观念和心理特征,也形成了渔区独具特色的风俗习惯。

(4)得天独厚的海洋养殖文化。宁波港湾浅海及滩涂面积辽阔,为望潮、弹涂鱼、牡蛎、毛蚶、泥螺等众多特色小海鲜的繁衍生长提供了广阔的天地。

——张令品.沿海省份的海洋文化研究与发展.见国家海洋局直属机关党委办公室编.中国海洋文化论文选编.北京:海洋出版社,2008

海洋文化景观是人类将其智慧延伸到海洋区域,在与海抗争过程中形成的人类劳动与智慧的结晶。这个过程中所创造的财富既包括有形的财富,如沿海聚落、建筑等,具有直接的经济、社会、审美等价值;也包括无形的财富,如海洋民俗、海洋精神等,渗透在沿海居民心中，并成为沿海地区经济、社会发展等方面的精神支柱。由于各地自然地理条件和人们生活习俗的差异，海洋文化景观表现出不同的特征，因而海洋文化景观具有复杂性。而随着时代的变迁，人类对于海洋的认识能力和利用方式的不断进步，海洋文化景观也将随着海岸环境变迁及人类对海洋资源的利用改造等活动而不断累积和更新，表现出极强的时代性。虽然海洋文化景观所处的空间位置具有稳定性和固定性，但由于其形成的海洋地域自然条件及海洋人文环境的不同，海洋文化景观又表现出明显的地域性。海洋文化景观是人类长期适应海洋、利用与改造海洋环境而形成，因此，它是人类在干预海洋自然生态过程中劳动和智慧的结晶，在社会经济发展及科研教育上具有显著的功能性。社会经济的发展，特别是城市化和非农化过程，海洋文化景观自身的形成演变规律又深受人类活动的干扰，表现出其特有的稀缺性。

——李加林.浙江海洋文化景观研究.北京:海洋出版社,2011

文化是旅游的灵魂，是旅游业的依托。……浙江海洋旅游资源在“长三角”地区乃至全国具有独特优势。浙江沿海和海岛旅游资源单体占全省的37%，优良级单体占全省39%，旅游资源类型齐全，空间分布呈大分散、小集中格局，为海洋旅游业发展提供了有利资源条件。同时，相对沿海其他省份，浙江海洋旅游资源有着独特优势，主要体现为:岛屿和岛群众多，类型多样，开发条件较好，可适宜开发成多类旅游产品；海鲜美食资源丰富，品质优异；海洋文化具有地域特色，宗教文化、渔民文化、外贸文化积淀深厚，连绵持续；有世界级大港宁波舟山港、杭州湾跨海大桥、世界海洋生物保护圈南麂列岛、佛教名山普陀山等旅游资源，可开发出系列独特的海洋旅游产品。

浙江海洋旅游发展已有较好基础。2008年，全省海洋旅游收入

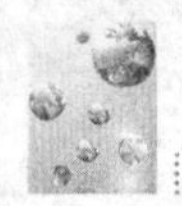

约为1200亿元,约占海洋经济总产出的25%。随着杭州湾大桥、舟山大陆连岛工程等交通设施的建成,以及一批高星级休闲度假饭店的上马,海洋旅游进入性和接待能力大为增强。同时,沿海和海岛地区初步形成了以城市为核心、以国家级和省级旅游功能区为支撑的海洋旅游体系,形成了普陀山“金三角”、舟山沙雕节、象山开渔节等一批知名海洋旅游品牌。……因此,深刻挖掘和充分利用海洋宗教和民间信仰文化,将宗教学、海洋文化学与旅游学研究相结合,探讨科学、有利于可持续发展的旅游开发模式,打造一批海洋宗教和民间信仰文化旅游精品,对促进浙江海洋旅游业的发展具有十分重要的现实意义。

——伍鹏.浙江海洋信仰文化与旅游开发研究.北京:海洋出版社,2011

海洋民俗生活具有以下几个明显的特征:一是其神秘性。相对于内陆民俗生活而言,这种特征尤为明显。在过去时代,海洋的不可知、不可测,海洋的不可驾驭,更增添了海洋民俗生活的这种神秘性。二是其开放性、国际性和兼容性。一国、一民俗、一地区的海洋民俗生活,由于海上跨国、跨地区、跨民族交流的便利,实际上是世界海洋民俗文化的集散地和融合点之一。三是其尚新性。这是与其开放性、国际性和兼容性所一致的。四是其商贸性。一般而言,海洋物产较内陆物产的大品类较少,要丰富所需,就必须进行贸易交换。

——曲金良.海洋文化概论.青岛:中国海洋大学出版社,1999

海洋节庆是中国节庆文化体系中最具有特色类型之一。所谓海洋节庆,是指沿海地区依托本社区特有的社会经济、历史文化、风俗民情等方面的独特资源,加以整合包装,能够产生具有沿海地区标志性的独特形象和吸引力,在相对固定的时间、地点重复举办的文化活动。海洋节庆大都承载着深厚的海洋文化积淀和海洋文化传统，是海洋意识、海洋文化的重要组成部分和重要载体。

文化是节庆的灵魂，节庆是文化的载体，产业的发展也促进了文化的繁荣，文化、节庆、产业互为促进、相辅相成。近年来，舟山市通过开展各具特色的节庆会展活动和大型文化论坛，比如国际沙雕节、观音文化节、海鲜美食节、国际海钓节、普陀民间民俗大会、岱山海洋文化节、嵊泗贻贝文化节、舟山渔民画艺术节、桃花金庸武侠文化节、虾峙渔民文化节、勾山青饼节、东港佛茶文化节、莱园渔民文化节、黄龙开捕节、户外休闲运动大会等。宁波地区的涉海节庆活动数量也很可观，声誉比较大的有：中国（象山）开渔节、中国·象山国际海钓节、中国（象山）海洋休闲博览会、象山海鲜旅游节、“三月三，踏沙滩”民俗活动等。这些海洋文化节庆的举办，一方面弘扬和传承了区域海洋文化，促进文化产业的发展，并赋予了海洋文化新内涵；另一方面，以海洋文化为内涵的海洋节庆成为浙江颇具特色的旅游吸物，丰富和充实了旅游文化内涵，提升了浙江旅游产业的品位与档次。

——苏勇军．浙江海洋文化产业发展研究．北京：海洋出版社，2011

一部海洋文学史，在某种意义上也是一部人类的精神发展史。在西方海洋文学中，人类精神经历了由惧海到赞海、慕海，又到斗海、乐海和探海，最后到亲海的变迁。这种变迁由三个因素决定：时代的发展、人类精神的成长和科学技术的提高。在这些变化中，蕴藏着，或者说，揭示了一些不变的东西，这些不变的东西就是民族文化的积淀。

大海的熏染和海上生活的磨砺，易于形成一个民族对力量和技术的崇拜。海上的冒险生活（包括生产、商贸和海战）需要的是人的膂力与智慧，而不像周期相对较长的农耕生活那样靠勤劳与忍耐（等待）就能有所收获；海上生活的流动性和相对独立性使海上民族酷爱

自由，并得以充分发展其独立不羁的个性，而不像相对稳定的农耕生活那样需要顾及他人的眼色，可以靠“关系网络”生活，经常需要以群体的力量抵御自然灾害或外族的入侵。海洋民族的这些特性，都在西方海洋文学中得到了体现。

——曲金良. 海洋文化概论. 青岛：中国海洋大学出版社，1999

我们所说的海洋文学，是一个比较宽泛的概念，它的外延应包括以航海生活、海岛生活、沿海人类生活等一切与海洋有关的生活为内容创作出的文学作品。其内含是人对海洋的认识和与海洋的斗争。海洋文学是人类在与海洋发生关系的过程中创造的专题性的文学作品，它反映了人类对海洋的认识和人与海洋的关系，反映了人类社会各种各样的海洋生活。

海洋文学存在于人类与海洋相处的整个阶段和各个地区，必然表现出不同时代不同民族、阶级的海洋生活。俄底修斯的海上漂流，是古希腊航海者历经艰险，进行海上冒险、追求海外财富的写照，其风格也充满着浪漫情调和神异、热烈的气氛。拜伦的叙事长诗《海侠》描写了海盗生活，是对在海洋上出没反对土耳其统治时代的希腊自由战士的颂歌，也是诗人追求自由的叛逆性格的流露。他笔下的海盗勇敢、热情、豪放不羁、无所畏惧，都是拜伦所处时代资产阶级自由、民主思想的反映，而如鲁滨逊的殖民意识，格兰特船长的儿女的冒险精神，辛巴达为致富发财的不择手段，桑提亚哥的孤独、失败与不屈等等，无不带有时代和民族、阶级的烙印。

——何立居. 海洋观教程. 北京：海洋出版社，2009

与西方海洋文学那种对海洋狂暴、严酷的描写不同，中国古代人们对海的奇丽、海的温柔、海的博爱、海的广阔，对海洋带给人类的丰富的资源，感到无比欣喜；对海洋带给人类生命的源泉，感到无比的崇敬；对海的肆虐、海的狂暴、海的凶险，对海洋带给人类生命的毁灭感到敬畏和恐惧。而对于勇于搏击海洋的人类多姿的生活和命运，则给予了深切的关注，并构筑出许多令人神往的美好境界，把海洋看成是神仙居住的地方，想象出巨大的扶桑树长在海上，仙人在那里洗足，在那里歌唱。于是，孔子曾感叹："道不行，乘桴浮于海。"海洋成了连圣人都向往的理想境地。因此，中国古代海洋文学中出现了许多赞美海洋、诗化海洋的作品，如"海上生明月，天涯共此时。"多么令人神往的优美画面。诗人李白展开他那奇异的想象翅膀，自称是"海上骑鲸客"。还写道："安得倚天剑，跨海斩长鲸。"这种骑鲸、斩鲸的场面浪漫而富有气势，充满诗意，从侧面反映出盛唐时代英雄主义精神和人们适应海洋的能力。这完全不同于西方海洋文学对海洋毁灭生命的严酷描写，如麦尔维尔的《白鲸》，其对海洋狂暴和毁灭的神秘力量的描绘，似乎要从侧面烘托人类征服海洋的力量。老子说："人法地，地法天，天法道，道法自然"。人类应该遵循自然规律，保持生态环境平衡。只有保持人与海洋、人与自然的和谐相处，自然才不会惩罚人类，而人类也才能更好地生存。中国古代海洋文学作品反映了中国古代海洋文化的发展规律，正是在传承和发展"天人合一"这一民族优秀传统文化的同时，揭示出"人与海洋和谐相处"的道理。

——赵君尧．天问·惊世：中国古代海洋文学·前言．北京：海洋出版社，2009

海洋审美文化都以一定的形式表现人们与涉海活动的审美关系，让人们或多或少地获得美的感受。海的宽广与力量增加了海的神秘，也增强了海岛人对海的力度的亲切体验；奠定了海岛人以浓烈美感形式传达海洋审美意蕴的审美心理基础，形成喜爱壮丽美的审

美情趣定势，其海洋审美文化往往给人以豪放的美感。如海岛渔村中流传的海龙王传说故事，丰富多彩，又惊险神奇，连海龙王宫的彩色装饰也被描述得淋漓尽致；节奏急促，坚定有力的渔家号子，粗犷高亢，震人心田。就是连海岛的摩崖石刻也因为要适合壮阔的海景，石刻的内容和书法的风格，大都具有粗犷美感。

——叶云飞，柳和勇. 中国海岛海洋审美文化的特点、嬗变及发展策略. 见柳和勇，方牧主编. 东亚岛屿文化. 北京：作家出版社，2006

有人说《海洋》主题不明，批评它没有明显的叙事主线。忽而水母，忽而鲨鱼；忽而北极熊，忽而帝企鹅，乍看之下的《海洋》确实有点像素材堆积。不过这些看似松散的素材背后，却有一条牢固的情感主线将它们紧密地串连起来，那就是对大海的赞美。导演尽可能从各个方面呈现海洋的神秘与美丽："这就是那个一直被我们忽视却又无比美丽的海洋。它始终与我们生活在一起，却又从来得不到重视，即使它如此美丽，又富有激情。"对观众来说，《海豚湾》需要的是接受，《海洋》需要的则是感受。这种无欲无求的电影观显然更有智慧，急于表达观点反而会遭人非议。在神奇的海洋面前，所有人为的处理都是愚蠢且多余的，大自然已经给你太多了，尽管呈现就是了。《海洋》的精彩正来自这种平和心态下的呈现，影片尽可能地靠近大海以及栖息于其中的生灵，借助各种技术手段实现对它们细致的观察。借助鲁诺·库莱斯精彩的配乐，各种生命随之起舞，如宏大的交响乐章，震撼且让人感动。

——2011 年 8 月《经济学家》杂志对于纪录片《海洋》的评论

妈祖的主要神迹集中在海上，是航海者、航海贸易和海洋领域的保护者，而不像龙神，是海洋抽象权力的所有者，也不像龙王那样把主要精力运用于兴云播雨、造富土地。故妈祖与龙神相比较起来,更是属于海洋的,是真正意义上的航海保护神。

——北京泛亚太经济研究所.海洋中国:文明重心东移与国家利益空间.北京:中国国际广播出版社,1997

* * *

海洋文化自古至今就是维系中华民族的一条强大的精神文化纽带,在中华民族的兴起、繁衍和经济社会发展进程中都起到了巨大的推动作用。当今世界,各海洋大国在海洋经济、科技、资源、海权力量等方面的竞争日益激烈。不同的海洋思维、海洋意识、海洋观念等海洋文化因素,决定着竞争的格局、态势和成败。

——孙志辉.弘扬海洋文化,实现和谐发展:中国海洋文化节隆重开幕.中国海洋报,2009-5-27

进入21世纪,人类社会迎来全面开发利用海洋资源和空间的"立体海洋"时代,但是人类对生存发展的思路还没有根本转变,人类对生存空间的争夺和对资源的掠夺性开发又再现于海洋,其消极后果已使人与海洋的关系,海洋活动中人与人、国与国的关系更趋紧张。因此,人海和谐共处应成为21世纪人类社会追求的海洋文明理念。其具体内容包括公平分享海洋利益、可持续地利用海洋资源、人与海洋和谐共处三个方面。

——杨国桢.人海和谐:新海洋观与21世纪的社会发展.厦门大学学报,2005,(3)

海洋发展是21世纪人类社会发展的主要问题。海洋是人类生存发展的第二空间，海洋是经济社会发展的重要支点，海洋是战略争夺的“内太空”，海洋是人类科学与技术创新的主要舞台，未来文明的出路在于海洋。

——杨国桢.海洋世纪与海洋史学.东南学术，2004年增刊

中国走向海洋，需要对中国海洋历史文化传统的自觉，了解它的源头、发展过程及其利弊，才能正确把握今后的发展趋向，进而取得适应新的历史挑战的自主地位。没有海洋历史文化传统的自觉，便没有当代海洋发展的行动自觉。

——杨国桢.中国海洋史与海洋文化研究.见中国海洋文化研究(第4—5合卷).北京：海洋出版社，2005

海洋综合开发的核心内容是关于海洋经济、海洋科技等层面问题，但说到底还是文化问题，是怎样认识和把握、发展海洋文化的本质及其蕴涵的问题。可一旦海洋世纪到来，如果缺失了海洋文化的研究，会比现在更可怕。

——广东炎黄文化研究会.领峤春秋——海洋文化论集(四).北京：海洋出版社，2003

现代文明史就是一部海洋文化史。西班牙、荷兰、意大利、英国、法国、美国等国家的经济发展与文艺复兴，都首先得益于航海业的进步和海洋事业的发展，并由此形成各自与众不同的“海洋文化”风格和现象，并将这种文化迅速传播到世界众多的国家，促使世界政治、经济、军事、文化、科学技术等众多力量的崛起与革新，有力地推动人类现代文明的发展进程。

——岑沫.海洋文化的张力与气魄.文史春秋，2008，(10)

在西方强势的海洋文化冲击下，中国那种兼容、多元化的海洋文化被海上殖民侵略武力对抗的西方海洋文化冲垮，因此中国的海上权益一次次受侵犯，海上争端也因失败而告终。在西方海洋文化的大潮下，我们传统的海洋文化丧失了本来具有的优势，这主要源于几百年的自我放弃和不知与时俱进的文化观念，最终在百年屈辱史中，海洋文化彻底地遗失殆尽，海洋文化意识在人们心中也荡然无存。

——宋云飞．大力加强我国海洋文化建设．学习月刊，2010，(9)

海洋文化指缘于海洋而生成的文化，是人类基于对海洋本身的认识、利用而逐步创造和积累起来的精神、行为与物质财富的总和。……我们认为，发展海洋经济离不开对海洋文化的研究，宁波同样也是如此。首先，海洋文化资源是海洋资源的重要组成，加大对海洋文化资源的挖掘、整理，能够直接推动海洋经济的开发，如海洋旅游业、海洋文化产业等；其次，宁波海洋开发历史悠久，文化积淀深厚，研究其历史，能够为我们今天利用海洋资源提供借鉴；第三，研究海洋文化史，尤其是其中的海防史、海战史，有助于唤醒、提高人们的海洋意识、海防意识。人们常说文化是软实力，确实如此。宁波在大力发展海洋经济的同时，可能要更多地关注这一“软实力”。

——张伟．发展海洋经济要高度重视海洋文化这一“软实力”．人民网浙江频道，2011-4-17

无论日本也好，美国也好，包括越南也好，它都有相关的海洋纪念日。在这个方面，我们也可以做一些相关国民海洋意识的教育、海洋科普的一些教育，包括一些活动。

——中国现代国际关系研究院研究员、海洋战略研究中心副主任王珊博士在中评社 2011 年 8 月举办的中国海洋权益与海洋战略

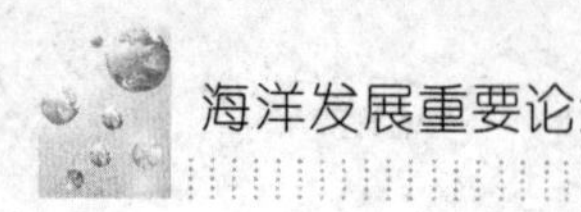

座谈会上的发言(摘自《中国评论》2011年8月号)

1996年5月15日,全国人大常委会正式批准中国加入《联合国海洋法公约》。按照公约规定,中国在960万平方公里的陆地面积之外,还拥有300万平方公里的管辖海域。

就在这一年,一名驻守在南沙的战士惊奇地发现,中国的疆域不是一只雄鸡,更像是一把熊熊燃烧的火炬:960万平方公里的陆地,是奔腾不息的火苗,300万平方公里的管辖海域是火炬的托盘和手柄。

——2011世界海洋日暨全国海洋宣传日庆祝大会主题阐释(摘自《中国海洋报》2011年6月14日A8版)

"天下兴亡、匹夫有责"。作为公民,应当了解我国的基本国情,了解海洋的情况,树立"海洋国土"概念和现代海洋理念,结合实际为促进海洋发展做力所能及的事。作为公务人员和领导干部,应当带头学习海洋知识,关心海洋事务,尊重海洋规律,掌握做好海洋工作的主动权。作为地方和部门,应当贯彻落实中央关于海洋工作的方针政策,切实研究和解决海洋发展面临的新情况、新问题,为做好海洋工作提供管理和服务。作为新闻媒体,应当发挥好舆论的信息、教育和监督作用,以多种方式普及宣传海洋知识,在全社会形成关注海洋、热爱海洋、保护海洋和合理开发利用海洋的良好氛围。

——国务院研究室副主任宁吉.发展海洋经济.经济日报,2010-10-30

六、海洋权益与和平利用海洋

海军是一个战略性、综合性、国际性军种，在维护国家主权、安全、领土完整，维护国家海洋权益和发展利益中具有重要地位和作用。

——2008年4月9日胡锦涛总书记在海南视察海军部队时的谈话（摘自《解放军报》2008年4月11日第1版）

海军是海洋战略的支柱和后盾。没有强大的海军，蓝色国土、蓝色宝库都会失去。作为太平洋区域的一个主要濒海大国，作为百余年来对帝国主义从海上入侵有着切肤之痛的发展中国家，理所当然地要建立一支与本国地位相称的强大海军。

——1991年10月江泽民总书记在舟山定海视察时的讲话（摘自《解放军报》2009年4月23日第1版）

谁控制了海洋，谁就控制了一切。

——[古希腊]狄米斯托克

我们面对的整个世界可以分两部分：陆地和海洋。每一部分对人类都是有价值和有用的。如果谁想进一步扩张，谁就必须从陆地向海洋发展。

——[古希腊]修昔底德

不能想象一个伟大的民族能够与海洋隔绝。

——[德国]马克思. 马克思全集. 北京：人民出版社，2003

郑和走进海洋后，尽管有种种机会中国可以领先，遗憾的是中国人却把头转过去，背向海洋。

——[德国]黑格尔. 黑格尔全集. 北京：商务印书馆，2011

唯有师海权国家之长，即以我之海权对付彼之海权，才足以制驭海权国家。

——魏源. 海国图志. 郑州：中州古籍出版社，1999

中国者，正海、陆兼控之国也。徒以神州舆壤，地处温带上腴，民生其中，不俟冒险探新，而生计已足，此所以历代君民皆舍海而注意于陆。自弃大利，民智亦因而自封，遂致积重以成百年之世面。

——王栻主编. 严复集(第2册). 北京：中华书局，1986

吾草此传已，吾于时代精神一感情之外，更有三种感情萦于吾脑，一曰海事思想与国民元气之关系也。……二曰殖民事业与政府奖励之关系也。……三曰政治能力与国际竞争之关系也。

——梁启超. 中国殖民八大伟人传. 见饮冰室合集·专集(第一册). 北京：中华书局，1936

国无海权如人无手足。

——陈独秀. 陈独秀全集. 上海：上海人民出版社，2009

控制海洋意味着安全。控制海洋意味着和平。控制海洋就意味着胜利。如果说这在20世纪,特别是在最近几年有什么教训值得记取,那就是这个国家尽管在空间和天空有所进展,仍然必须能轻易而安全地驶往世界各海洋。有关海洋的知识,不仅仅是一件好奇的事,我们的生存就可能决定于它。

——美国前总统约翰·肯尼迪.肯尼迪传.北京:中信出版社,2005

谁控制了海洋,谁就能获得最大的自由,谁就能按照自己的意志或多或少地进行战争。……印度的财富似乎巨大,但却最终属于控制海洋的英国。

——[英国]培根.培根随笔全集.南京:译林出版社,2011

控制海洋,特别是在与国家利益和贸易有关的主要交通线上控制海洋,是国家强盛和繁荣的纯物质性因素中的首要因素。

——19世纪美国军事家阿尔弗雷德·塞耶·马汉.海权论.北京:外语教学与研究出版社,2007

当海洋不只是一个国家的边境或者把一个国家包围起来,还把一个国家分隔成数个部分时,控制海洋就是一件涉及国家存亡的重要问题了。这样的自然条件下或是使其海军诞生和强大,或是使其国家软弱无力。

——19世纪美国军事家阿尔弗雷德·塞耶·马汉.海权论.北京:外语教学与研究出版社,2007

1588年西班牙舰队的失败就像耳语一样,把帝国的秘密送进了英国人的耳朵:那就是在一个商业的时代,赢得海洋要比赢得陆地更为有利。

——[英国]富勒.西洋世界军事史,南宁:广西师范大学出版社出版,2004

有理由认为,开发世界海洋的手段与保护国家利益的手段,这两者在合理结合的情况下的总和,便是一个国家的海上威力。

国家海上威力的实质,就是为了整个国家利益而最有效利用世界海洋——人们有时叫做地球水域的能力程度。

——[苏联]戈尔什科夫.国家的海上威力.北京:生活·读书·新知三联书店,1977

当代面临着人口、资源和环境的挑战,解决方法之一就是开发利用海洋,足见海洋在当代发展中的重要地位。在认识到海洋的重要性后,全球152个国家签署了《联合国海洋法公约》。国际海底及其资源是人类共同继承的财产,海岸海洋涵盖了整个海陆过渡带,覆盖整个海路作用相互区,是个独立的环境体系。《联合国海洋法公约》引起了全球关注海洋权益,小岛大海洋的岛屿纷争。当前我国南沙海域南海岛礁主权争端正是这一问题。造成这一问题的主要原因是我国航海方面的技术与实力的不足,解决方式就是要提高综合国力。

——中国科学院院士王颖在华中科技大学的演讲.(华中大新闻网 http://news.hustonline.net/Html/2010-5-8/71068.shtml)

依法行政是海洋管理的重要方略。应根据我国海洋法律法规以及有关国际法律法规,研究制定维护国家海洋权益的有效措施和具体办法。继续加强海洋执法,发挥好海监、海事、渔政、缉私、边防等力量的作用,加大对我国管辖海域开展巡航监视力度,有效监管各种海洋涉外活动，妥善处理侵害我国海洋权益的违法行为，切实保护我国公民合法权益，保障海上通道安全，维护我国海洋权益。

——国务院研究室副主任宁吉.发展海洋经济.经济日报，2010-10-30

作为一个负责任的发展中大国，中国一如既往地坚持和平发展的方针，根据《联合国海洋法公约》等国际法，推动海洋领域合作与发展，努力把我们的海洋建设成和平、和谐、安全的海洋。应继续加强同世界其他国家和有关国际组织在海洋事务上的合作，推进在海洋合理开发、海洋生态环保、海洋减灾防灾、海洋综合管理等方面合作研究与交流，实施好有关国际合作项目，共同应对与解决人类面临的各种挑战，促进全球可持续发展。

——国务院研究室副主任宁吉.发展海洋经济.经济日报，2010-10-30

* * *

所谓“海权”，原为修昔底德所首创，其意义即为“海之权”，凡是知道如何政府和及利用海洋的人，海洋就会把此种权力赐给他。

——钮先钟.西方战略思想史.南宁：广西师范大学出版社，2003

海权即凭借海洋或者通过海洋能够使一个民族成为伟大民族的一切东西。

——19世纪美国军事家阿尔弗雷德·塞耶·马汉.海权论.北京：外语教学与研究出版社，2007

海洋权益这个词如果用英文表达，应当用 sea rights 或是 ocean

rights，总之说的是权利(rights)的问题，而不是力量(power)的问题。但是，实际上国际社会谈的海权，指的却是海洋权力，即 sea power。在中文行文的时候，你如果把海洋权益这四个字也简约为“海权”来表达的时候，就造成了重大的歧义。遗憾的是，在现实中我们经常可看到二者混用的情形。因此，我们常常搞不清楚人们谈到中国海权的时候到底想说的是什么？是中国的海洋权益，还是中国人控制海洋的能力与力量，也就是你对海洋实际的控制力？

——中央党校国际战略研究所博导马小军教授在中评社 2011 年 8 月举办的中国海洋权益与海洋战略座谈会上的发言(摘自《中国评论》2011 年 8 月号)

有关海洋权益的话，第一位的仍是中国的领土主权完整、统一和安全，这是最切实和紧要的，也是最根本的国家战略利益。所以谈海洋权益，第一要务仍是看家护院问题，先把自己家的看好管好，然后再谈尚存争议的那些地方的问题。第二，今天谈中国海洋权益的事儿，应着眼国际公共海域。近年中国已经开始进入这一领域，并突然发现，这一领域空间巨大，战略利益丰厚，而我们自己的准备又是那么不足，专业人才那么缺少。国际公共海域、南北极地及其周边海域、国际航海通道、国际海底等，都有着中国巨大和潜在的国家战略利益，相关的国际制度的建设也有待中国更多、更具建设性地参与。

——中央党校国际战略研究所博导马小军教授在中评社 2011 年 8 月举办的中国海洋权益与海洋战略座谈会上的发言(摘自《中国评论》2011 年 8 月号)

海洋权益，是我们要达到的最终的目标；但是海权是我们实现这个目标的手段之一。

……海军的实力，就是海权的物质基础，你没有海军的实力，你也谈不上海权。

——中国现代国际关系研究院研究员、海洋战略研究中心副主任王珊博士在中评社 2011 年 8 月举办的中国海洋权益与海洋战略座谈会上的发言（摘自《中国评论》2011 年 8 月号）

《联合国海洋公约》赋予了沿海国在管辖海域、资源开发利用、环境保护、科学研究等诸方面的多项权利，主要表现在：

1.《公约》明确规定沿海国有权建立 12 公里的领海，对其领海、领海的上空、海床及底土享有等同陆地领土的主权；沿海国可在领海以外建立毗连其领海的、从领海基线量起不超过 12 海里的毗连区，并有行使"必要"的管制的权力。

2. 根据《公约》，沿海国可建立 200 海里的专属经济区和作为其陆地领土自然延伸的大陆架，对这两个区域内的自然资源享有主权权利，对专属经济区和大陆架的人工岛屿、设施和结构的建造和使用，对海洋科学研究、海洋环境的保护与保全等事项享有管辖权，并享有为此而采取一定措施的权利。

3. 在公海享有六项自由：航行自由、飞越自由、铺设海底电缆管道的自由、建立人工设施的自由、捕鱼自由、海洋科学研究的自由。

此外，《公约》还确立了"国际海底"及其资源是人类共同继承的遗产的原则，赋予沿海国进行海洋科学研究的自由。

——摘自《人民日报》，2001 年 5 月 16 日，第 6 版

全国人大常委会第十九次会议决定，批准《联合国海洋法公约》，同时声明如下：

一、按照《联合国海洋法公约》的规定，中华人民共和国享有二百

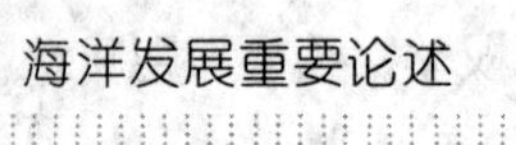

海里专属经济区和大陆架的主权权利和管辖权。

二、中华人民共和国将与海岸相向或相邻的国家，通过协商，在国际法基础上，按照公平原则划定各自海洋管辖权界限。

三、中华人民共和国重申对1992年2月25日颁布的《中华人民共和国领海及毗连区法》第二条所列各群岛及岛屿的主权。

四、中华人民共和国重申：《联合国海洋法公约》有关领海内无害通过的规定，不妨碍沿海国按其法律规章要求外国军舰通过领海必须事先得到该国许可或通知该国的权利。

——2005年全国人大常委会第十九次会议就批准《联合国海洋法公约》发表的声明

我国濒临西北太平洋，大陆岸线长1.8万公里，面积大于500平方米的岛屿6500多个，内水和领海主权海域面积38万平方公里。根据《联合国海洋法公约》有关规定和我国的主张，我国管辖的海域面积约300万平方公里。此外，我国在国际海底区域还获得了7.5万平方公里专属勘探开发区。

——2008年2月7日国务院批准的《国家海洋事业发展规划纲要》

长期以来，在大多数中国人的头脑中，海洋仅仅是一个“海上游乐场所”，有无穷无尽的海鲜——鱼、虾、蟹、蚧。更可悲的是，在一些人的脑海里，“国土”＝国家所管辖的“陆地”，“国土”＝960万平方公里，海洋是“外国的世界”，根本不知道还有“海洋国土”，还有管辖海域——《联合国海洋法公约》规定的专属经济区。

实际上，自秦统一以来，中国的领土就包括了海洋部分。今天，按照《联合国海洋法公约》的有关规定，中国享有主权和管辖权的海域总面积300万平方公里，加上960万平方公里的陆地国土面积，中国国土总面积应当为1260万平方公里。另外，中国在太平洋中还有一块经联合国认定的、拥有永久开采权的“海中之地”——7.5万平方公里的海底。

——2011年军事科学院研究员张世平少将.解放思想走向海洋.珠江水运，2011，(20)

1945年，美国总统杜鲁门发表《大陆架总统公告》，首创了将公海的一部分划归自己管辖、将其资源定为美国财产的先例，引发了全球第二次“圈地运动”(1945年9月美国总统宣称美国对邻近其海岸的一切海洋空间资源拥有主权)。1960年，法国总统戴高乐在国会上提出“向海洋进军”的声明，将开放海洋作为法国的重要国策。1961年，美国总统肯尼迪在国会上发表“为了生存，美国必须把海洋作为开拓地”的宣言(宣称“海洋与宇宙同等重要”，“美国必须把海洋作为开拓地”)，美国国家成立了海洋开发中心一类的机构。

——孙斌，徐质斌主编.海洋经济学.青岛：青岛出版社，2000

海权的历史，主要是记述国家间的斗争、国家间的竞争和最后常常导致战争的暴力行为。人们早已清楚地认识到了海上贸易对各国的财富和实力的深远影响。一个国家为了确保本国人民能够获得不平衡的海上贸易利益，要么采取平时立法实施垄断，要么制定一些禁令来限制外国的贸易，当这些办法都失败时，则直接采取暴力行动来尽力排除外国人的贸易。这种各不相让的夺取欲望，即便不能占有全部，至少也要占有大部分贸易利益和占有那些尚未明确势力范围的远方贸易区域。这些利益冲突往往导致发生战争。另一方面，由其他原因引起的战争，其实施方法和结局也在很大程度上取决于制

海权。因此，海权的历史，从广义上来说，涉及了一个民族依靠海洋或利用海洋强大起来的所有事情。但是，海权的历史主要是一部军事史。

——19世纪美国军事家阿尔弗雷德·塞耶·马汉.海权论.北京:外语教学与研究出版社,2007

* * *

推动建设和谐海洋，是建设持久和平、共同繁荣的和谐世界的重要组成部分，是世界各国人民的美好愿望和共同追求。加强各国海军之间的交流，开展国际海上安全合作，对建设和谐海洋具有重要意义。

——2009年4月23日胡锦涛总书记在青岛会见参加中国人民解放军海军成立60周年庆典活动的多国海军代表团团长时的讲话(摘自《人民日报》2009年4月24日第1版)

近代饱经沧桑的中国人民，深知和平之珍贵、发展之重要。中国将继续致力于通过友好谈判和平解决同邻国的领土和海洋权益争端，在地区热点问题上发挥建设性作用，积极参与各种形式的地区安全对话和合作，努力维护有利于亚洲和平与发展的地区环境。中国永远做亚洲各国的好邻居、好朋友、好伙伴。

——2011年4月15日胡锦涛总书记出席博鳌亚洲论坛2011年年会开幕式时发表主旨演讲(摘自《人民日报》2011年4月第16日第2版)

毋庸讳言，本地区还存在这一些领土主权、海洋权益等争议。中国与东盟要本着睦邻友好、平等协商的原则，通过双边渠道为妥善解决这些问题作出不懈努力。

——2011 年 4 月温家宝总理在雅加达东盟会议上的演讲(摘自《人民日报》2011 年 5 月 1 日第 2 版)

和谐海洋应该是和平的海洋、安宁的海洋、繁荣的海洋、绿色的海洋、合作的海洋、共享的海洋。构建和谐海洋，就应当让海洋远离战争，免于海上犯罪行为的威胁，免遭生态环境的破坏，让人们在海上活动中和睦相处，让人类与海洋和谐共处，促进世界各国人民共赏大海、阳光、沙滩的美好体验，共享海洋事业发展进步的文明成果，共享海洋带来的无穷资源。

——2009 年 4 月中国海军司令员吴胜利上将在庆祝中国人民解放军海军成立 60 周年多国海军活动中的讲话(国际在线 http://gb.cri.cn/27824/2009/04/21/3245s2490926.htm)

江泽民同志强调指出：国与国之间的分歧和争端，应该"通过协商和平解决，不得诉诸武力和武力威胁"，"对我国同邻国之间存在的争议问题，应该着眼于维护和平与稳定的大局，通过友好协商和谈判解决。一时解决不了的，可以暂时搁置，求同存异。"全国人大常委会也郑重声明："对于中国同邻国在海洋事务方面存在的争议问题，中国政府着眼于和平与发展的大局，主张通过友好协商解决，一时解决不了的，可以搁置争议，加强合作，共同开发。"

——黄金声，唐复全，徐明善. 中华民族迈向新世纪的海洋战略思维——我国三代领导人关于新时期海洋战略的重要决策和论. 海洋开发与管理，2000，(1)

一般而言，国家与国家间领土主权的争端本质上就是划界问题。如果你不想通过和平谈判划界，那就只有打仗，即通过战争之路解决。在现代国际社会中，这条路越走越窄了。

——中央党校国际战略研究所博导马小军教授在中评社 2011 年 8 月举办的中国海洋权益与海洋战略座谈会上的发言(摘自《中国评论》2011 年 8 月号)

《联合国海洋法公约》实际上是一个机制，不具有约束力，它只能说在某种程度上指导相关国家海洋划界。……为什么美国没有加入，我想可能跟美国对这种海洋权益的长远的认识有关。

……据我了解，确切来讲，美国签署了，但是还没批准。一个很大的原因是，军方好像很反对，认为《联合国海洋法公约》对军队的海上活动限制很多，不像以前了。

——中国现代国际关系研究院研究员、海洋战略研究中心副主任王珊博士在中评社 2011 年 8 月举办的中国海洋权益与海洋战略座谈会上的发言(摘自《中国评论》2011 年 8 月号)

大家知道 1972 年中国进入联合国。实际上，在第一次联合国海洋法会议的时候，中国没有参加，当时中国在联合国没有席位。那么正好在 1972 年的时候，我们恢复了在联合国的合法席位后，参与国际海洋法会议也成为展示中国外交的一个重要的一个国际舞台。那个时候我觉得中国的海洋意识远远不如现在强，而且对专属经济区、大陆架这些概念，包括它后来所衍生的一些权益，我们可能也没有认识太清楚、太深刻。

……反思《联合国海洋法公约》，当时中国应不应该加入《联合国海洋法公约》? 当时我们处于第三世界，我们要在联合国舞台展现中国的地位和影响。但实际上现在看来，也有利有弊。

——中国现代国际关系研究院研究员、海洋战略研究中心副主任王珊博士在中评社 2011 年 8 月举办的中国海洋权益与海洋战略座谈会上的发言（摘自《中国评论》2011 年 8 月号）

太山不立好恶，故能成其高；江海不择小助，故能成其富。故大人寄形于天地而万物备，历心于山海而国家富。

——韩非子《韩非子·大体》

海洋为人类所有，没有哪个帝国能占有大海，没有一个帝王能统治海洋。

——格劳秀斯.论海洋自由.上海：上海人民出版社，2005

海洋关系到人类 21 世纪乃至未来的生存。关注海洋、呵护海洋、和平利用海洋已成为当今世界的一个主旋律，海洋必将为人类的可持续发展作出不可替代的贡献。

——2010 年 9 月 4 日第 33 届世界海洋和平大会《北京宣言》

附 录

海洋相关重要名词

沿海地区：包括辽宁省、河北省、天津市、山东省、江苏省、上海市、浙江省、福建省、广东省、广西壮族自治区和海南省。

海洋经济：开发、利用和保护海洋的各类产业活动，以及与之相关联活动的总和。

海洋生产总值：海洋经济生产总值的简称，指按市场价格计算的沿海地区常住单位在一定时期内海洋经济活动的最终成果，是海洋产业和海洋相关产业增加值之和。

增加值：指按市场价格计算的常住单位在一定时期内生产与服务活动的最终成果。

海洋产业：开发、利用和保护海洋所进行的生产和服务活动，包括海洋渔业、海洋油气业、海洋矿业、海洋盐业、海洋化工业、海洋生物医药业、海洋电力业、海水利用业、海洋船舶工业、海洋工程建筑业、海洋交通运输业、滨海旅游业等主要海洋产业，以及海洋科研教育管理服务业。

海洋科研教育管理服务业：开发、利用和保护海洋过程中所进行的科研、教育、管理及服务等活动，包括海洋信息服务业、海洋环境监测预报服务、海洋保险与社会保障业、海洋科学研究、海洋技术服务业、海洋地质勘查业、海洋环境保护业、海洋教育、海洋管理、海洋社会团体与国际组织等。

海洋相关产业：指以各种投入产出为联系纽带，与主要海洋产业构成技术经济联系的上下游产业，涉及海洋农林业、海洋设备制造业、涉海产品及材料制造业、涉海建筑与安装业、海洋批发与零售业、涉海服务业等。

海洋渔业：包括海水养殖、海洋捕捞、海洋渔业服务业和海洋水产品加工等活动。

海洋油气业：指在海洋中勘探、开采、输送、加工原油和天然气的生产活动。

海洋矿业：包括海滨砂矿、海滨土砂石、海滨地热、煤矿开采和深海采矿等采选活动。

海洋盐业：指利用海水生产以氯化钠为主要成分的盐产品的活动，包括采盐和盐加工。

海洋化工业：包括海盐化工、海水化工、海藻化工及海洋石油化工的化工产品生产活动。

海洋生物医药业：指以海洋生物为原料或提取有效成分，进行海洋药品与海洋保健品的生产加工及制造活动。

海洋电力业：指在沿海地区利用海洋能、海洋风能进行的电力生产活动。不包括沿海地区的火力发电和核力发电。

海水利用业：指对海水的直接利用和海水淡化活动，包括利用海水进行淡水生产和将海水应用于工业冷却用水和城市生活用水、消防用水等活动，不包括海水化学资源综合利用活动。

海洋船舶工业：指以金属或非金属为主要材料，制造海洋船舶、海上固定及浮动装置的活动，以及对海洋船舶的修理及拆卸活动。

海洋工程建筑业：指在海上、海底和海岸所进行的用于海洋生

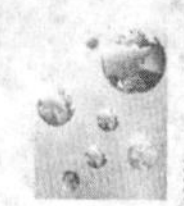

产、交通、娱乐、防护等用途的建筑工程施工及其准备活动，包括海港建筑、滨海电站建筑、海岸堤坝建筑、海洋隧道桥梁建筑、海上油气田陆地终端及处理设施建造、海底线路管道和设备安装，不包括各部门、各地区的房屋建筑及房屋装修工程。

海洋交通运输业：指以船舶为主要工具从事海洋运输以及为海洋运输提供服务的活动，包括远洋旅客运输、沿海旅客运输、远洋货物运输、沿海货物运输、水上运输辅助活动、管道运输业、装卸搬运及其他运输服务活动。近年来全球需求的下降严重影响了世界商品贸易的增长。世界商品出口总量的增速在2006年为8.5％，2007年为6.0％，2008年为2.0％。尽管2008年第四季以来全球经济萎缩和世界商品贸易急剧下降，国际海上贸易继续保持增长，但增速从2007年的4.5％，递减为3.6％。

滨海旅游业：包括以海岸带、海岛及海洋各种自然景观、人文景观为依托的旅游经营、服务活动。主要包括：海洋观光游览、休闲娱乐、度假住宿、体育运动等活动。滨海旅游业是世界旅游业的重要组成部分。世界前10大旅游国均为沿海国家。2009年，国际游客人数近4亿人，约为当年世界国际抵达游客总人数的45％。

海上船队：近30年来，世界商船总载重吨位从6.83亿吨增至11.92亿吨，增幅约75％。随着世界海运能力的扩张和用船需求的萎缩，世界海运业难以避免地陷入运力过剩和租、运费急剧下降的困境。

沿海地区：指有海岸线（大陆岸线和岛屿岸线）的省（自治区、直辖市）。

环渤海经济区：指环绕着渤海（包括部分黄海）的沿岸地区所组成的经济区域，主要包括辽宁省、河北省、天津市和山东省三省一市的海域与陆域。

长江三角洲经济区:指长江三角洲的沿岸地区所组成的经济区域,主要包括江苏省、上海市和浙江省两省一市的海域与陆域。

珠江三角洲经济区:指珠江三角洲的沿岸地区所组成的经济区域,主要包括广东省所辖的广州、深圳和珠海等城市的海域与陆域。

海洋生产总值定义与功能:海洋生产总值是海洋经济生产总值的简称,是指按市场价格计算的沿海地区常住单位在一定时期内海洋经济生产活动的最终成果。主要功能是反映海洋经济活动的总体情况,与国内生产总值概念相对应,是衡量海洋经济对国民经济的贡献水平的重要指标。

海洋产业(海洋相关产业)增加值定义与功能:海洋产业(海洋相关产业)增加值是指按市场价格计算的沿海地区常住单位在一定时期内海洋产业(海洋相关产业)生产活动的最终成果。海洋产业增加值的主要功能是反映开发、利用和保护海洋所进行的生产和服务活动,是衡量海洋产业对海洋经济贡献作用的主要指标;海洋相关产业增加值的主要功能是反映与海洋产业构成技术经济联系的各种生产活动,是与海洋产业活动密切相关的上、下游产业活动,是衡量海洋产业对其他产业的推动与拉动作用的重要指标。

海洋生产总值构成与计算:海洋生产总值由海洋产业增加值和海洋相关产业增加值构成。其中,海洋产业增加值包括主要海洋产业增加值、海洋科研教育管理服务业增加值。

清洁海域:符合国家海水水质标准中第一类海水水质的海域,适用于海洋渔业水域、海上自然保护区和珍稀濒危海洋生物保护区。

较清洁海域:符合国家海水水质标准中第二类海水水质的海域,适用于水产养殖区、海水浴场、人体直接接触海水的海上运动或娱乐区,以及与人类食用直接有关的工业用水区。

轻度污染海域:符合国家海水水质标准中第三类海水水质的海

域，适用于一般工业用水区和滨海风景旅游区。

中度污染海域：符合国家海水水质标准中第四类海水水质的海域，适用于海洋港口区域和海洋开发作业区。

严重污染海域：劣于国家海水水质标准中第四类海水水质的海域。

海洋与气候、灾害：我们居住的地球，有三分之二的面积被蔚蓝色的海水覆盖。海洋是生命的摇篮、资源的宝库、交通的要道、风雨的故乡，是人类生命支持系统的重要组成部分和实现可持续发展的宝贵空间。随着人类发展对海洋的依赖程度越来越高，科学认知海洋、合理利用海洋、保护珍爱海洋、实现海洋的可持续发展已经成为全人类面临的重大课题。全球变暖和气候异常正深刻影响着人类社会的发展，而海洋作为气候变化最大的承载者和“调节器”，是应对和解决气候变化问题的关键所在。

海洋对气候影响方面的科学研究亟待加强。海洋和气候变化之间的关系非常密切。一方面，海洋是全球气候系统中的一个重要环节，它通过与大气的能量物质交换和水循环等作用，吸收大气中大量的二氧化碳，在调节和稳定气候上发挥着决定性作用；另一方面，日益严重的气候变化也对海洋产生巨大影响，造成海平面和海水温度上升、海水酸化、海洋和海岸生态系统遭破坏等问题。

海洋与温室气体：全球大气层和地表这一系统就如同一个巨大的“玻璃温室”，使地表始终维持着一定的温度，产生了适于人类和其他生物生存的环境。在这一系统中，大气既能让太阳辐射透过而达到地面，同时又能阻止地面辐射的散失，我们把大气对地面的这种保护作用称为大气的温室效应。造成温室效应的气体称为“温室气体”，它们可以让太阳短波辐射自由通过，同时又能吸收地表发出的长波辐射。这些气体有二氧化碳、甲烷、氯氟化碳、臭氧、氮的氧化物和水蒸气等，其中最主要的是二氧化碳。近百年来全球的气候正在逐渐变暖，与此同时，大气中的温室气体的含量也在急剧地增加。许多科学家都认为，温室气体的大量排放所造成温室效应的加剧可能是全球变暖的基本原因。

德国 Max-Planck 气象研究所为政府间气候变化委员会（The Intergovernmental Panel on Climate Change，IPCC）第四次评估报告而最新发展的气候模式（ECHAM5/MPI-OM1），对三种不同的温室气体排放假设进行了数值模拟。在此基础上，着重就全球海洋表层温盐结构、温盐环流和北极海冰的变化对模拟结果进行了深入分析。研究揭示，到 21 世纪末，在三种 CO_2 排放情景下全球平均海表温度分别上升 2.5℃、3.5℃和 4.0℃，尤以北极地区升温最为显著，达 10.0℃以上；全球海洋表面淡水通量变化的最大负值区位于副热带地区，热带东太平洋降雨显著增加。温盐环流（THC）在所研究的三种排放情景下均减弱，减弱量值分别达 20%，25%和 25.1%，北半球海冰覆盖面积减少达 50%左右。

蓝色碳汇：“碳汇”来源于《联合国气候变化框架公约》缔约国签订的《京都议定书》，该议定书于 2005 年 2 月 16 日正式生效。由此形成了国际“碳排放权交易制度”（简称“碳汇”）。通过陆地生态系统的有效地管理来提高固碳潜力，所取得的成效抵消相关国家的炭减排份额。

海洋碳汇：是将海洋作为一个特定载体吸收大气中的二氧化碳，并将其固化的过程和机制。地球上超过一半的生物碳和绿色碳是由海洋生物（浮游生物、细菌、海草、盐沼植物和红树林）捕获的，单位海域中生物固碳量是森林的 10 倍，是草原的 290 倍。所以蔚蓝色的海洋作为陆地森林、草地和耕地之外，作为生物碳汇资源，有科学上的可能性。人们把海洋碳汇又称之为蓝色碳汇。

台风/飓风:水的比热(储藏热量的能力)很大,海水与大气的热量交换,使得海洋像是一个庞大的蒸汽机。在热带海洋上空,海水蒸发得很快,空气温暖潮湿并且活动剧烈,很容易产生旋转的气团,就像急速流动的江河水里容易产生旋涡。这类称为热带气旋的空气团,达到一定强度(中心附近风力超过 33 米/秒)时,根据诞生区域的不同,被称作台风或飓风。它们从海洋里吸取了大量的热,急速旋转并移动,沿途带来暴风骤雨。台风/飓风带来的大风会损坏乃至摧毁建筑物,暴雨导致洪水。在海岸边,风还会使水位上涨,形成风暴潮。

风暴潮:沿海地带的大风使海水异常上涨,称为风暴潮。这种大风的来源,除了前面提到的台风/飓风,还有温带气旋。顾名思义,温带气旋产生和活动于中高纬度的温带区域,它也是旋转的空气团,近似椭圆形,强度不及热带气旋,但影响范围巨大,带来风雨天气。它所导致的风暴潮很常见,水位上涨幅度和速度都比台风风暴潮要小。

风暴潮发生时,如果正赶上天文大潮,就很可能形成灾害。天文大潮是太阳和月亮对地球海水的引力导致,当地球、月亮、太阳排成三点一线时,太阳和月亮的引潮力叠加在一起,使涨潮幅度增大,形成天文大潮。风暴潮与天文大潮共同作用,使汹涌的海涛涌上陆地,吞没和摧毁沿途的一切。在海拔很低的孟加拉国,1970 年曾经发生一次剧烈风暴潮,导致 30 万人死亡。

海啸:海啸也是侵袭沿岸地区的巨大海浪,不过它的动力来自地下的运动——地震、火山等因素造成的海底地形变动。不过有一个例外,那就是水下核爆导致的人工海啸。普通的风浪发生在海洋表层,到了一定深度,海水的波动就极小了。地震引起的海水波动,则是从海底到海面整个水体的起伏,力量更大。在震源附近,由于海水较深,水面起伏是很小的,可能只有 1~2 米。海啸的海浪波长比普通海浪长得多,前浪与后浪之间的距离可达 200 公里。但当海啸进入沿岸海域后，由于深度急剧变浅，能量集中，浪高骤然增大，可能达到几十米，造成巨大破坏。

灾害性海浪：在开阔的海面上，由台风、湿带气旋、寒潮的强风等导致的海浪，危及船只、海上工程的，称为灾害性海浪。航海和海上石油钻探等事业越发达，海浪造成灾害的潜力越大。

海冰和海雾：海冰是极地和高纬度海域特有的灾害。寒冷的天气使海水结冰，导致海港和航道封冻。过于温暖的气候则使陆地冰架崩解，导致大量浮冰入海，可能撞毁船只、码头、海上设施。海雾由海面低层大气中水雾凝结所致，通常呈乳白色，产生时常使海面能见度降到1公里以下，使船只迷失航路，造成相撞或搁浅等事故。在狭窄航道、近岸区发生的海难中，由海雾引发的事故占了很大比重，是一种频发的海洋灾害。

赤潮：赤潮是一种特殊的海洋灾害，也是唯一与污染有关的重要海洋灾害。在特定环境条件下，海水中某些浮游生物、原生动物或细菌大量增长或高度聚集，使海水变色，称为赤潮。赤潮是一个历史沿用名，并非所有的赤潮都是红色，也有绿色、黄色、棕色等。还有一些海藻大量增生时海水颜色并不改变，但也称为赤潮。赤潮严重破坏海洋正常的生态结构，影响其他海洋生物生存环境。有的赤潮生物会分泌毒素。赤潮生物大量死亡后，尸骸的分解过程中要大量消耗海水中的溶解氧，造成缺氧环境。这都直接威胁其他海洋生物的生存，破坏海洋养殖业。

圣婴兄妹——厄尔尼诺和拉尼娜：厄尔尼诺和拉尼娜的名字都来自西班牙语，是“圣婴”和“小女孩”的意思，用于表示赤道太平洋东部和中部海域海水温度异常的现象。当这些区域海水大范围持续异常变暖时，称为厄尔尼诺现象；变冷则称为拉尼娜现象。海水温度异常会带来全球气候异常。厄尔尼诺现象通常导致中、东太平洋及南

美太平洋沿岸国家异常多雨，甚至引起洪涝灾害；同时使得热带西太平洋降水减少，造成印度尼西亚、澳大利亚等地严重干旱。它使西太平洋热带风暴减少，但使东北太平洋飓风增加。在我国，厄尔尼诺往往带来暖冬凉夏。拉尼娜的效应基本上与厄尔尼诺相反，只是破坏力较弱。

海平面上升：工业时代开始以来，由于人类向大气中排放的温室气体大量增加，全球气温正在无可否认地升高。两极冰雪加速融化，海水本身受热膨胀，这些因素使得全球海平面正在上升。海平面上升会使沿海陆地面积缩小，加剧海岸侵蚀，咸水入侵导致土地盐渍化，洪水、风暴潮等灾害发生的危险增加。在许多国家，沿海都是经济发达、人口密集的地区，海平面上升会给国家经济和居民生存环境造成极大威胁。海平面上升还将威胁滨海湿地、沼泽和珊瑚礁。湿地是许多鱼类、鸟类和稀有动物的主要生活环境，珊瑚礁则是海中的热带雨林，它们被破坏将给生物多样性带来极大损失。在一些海拔较低的地区，海边城镇会被淹没，某些小型岛国甚至面临灭顶之灾。

溢油/漏油：海上船舶碰撞、触礁或浪损使货轮燃料油泄漏造成海洋污染的海上溢油事故，海洋大陆架石油生产平台系统造成的原油渗漏事故。突发性的溢漏油事件具有性质复杂、发生突然、危害严重、处理处置困难等特性，不但给当地渔业、水产养殖业、旅游业等造成经济损失，也严重损害了海洋以及海岸的自然环境和生态环境。

核污染：核电站爆炸后泄漏出的大量高辐射污染水正在渗入广阔的海洋，而更为大量的中低辐射污染水则人为地排入大海。核辐射入海后可能造成一定数量的生物死亡，辐射物质将改变生物基因或者通过食物链传递给其他生物，对生物繁殖造成影响。还会影响到海底淤泥。其中，核污染后的海洋环境中铯的放射性完全衰减，需要几代人的时间。

领海基线:通常是沿海国的大潮低潮线(low-water line)。但是,在一些海岸线曲折的地方,或者海岸附近有一系列岛屿时,允许使用直线基线的划分方式,即在各海岸或岛屿确定各适当点,以直线连接这些点,划定基线。

内水:涵盖基线向陆地一侧的所有水域及水道。沿岸国有权制定法律规章加以管理,而他国船舶无通行之权利。

领海:基线以外12海里之水域,沿岸国可制定法律规章加以管理并运用其资源。外国船舶在领海有"无害通过"(innocent passage)之权。而军事船舶在领海国许可下,也可以进行"过境通过"(transit passage)。

临接海域:在领海之外的12海里,也就是在领海基线以外24海里到领海之间,称为临接海域(contiguous zone)。在本区中,沿岸国可以执行管辖领海的反走私、反偷渡法律。

专属经济区(排他性经济海域):专属经济区是指领海基线起算,不应超过200海里(370.4公里)的海域,除去离另一个国家更近的点。这一概念原先发源于渔权争端,1945年之后随着海底石油开采逐渐盛行,引入专属经济区观念更显迫切。技术上,早在1970年代,人类已可钻探4,000米深的海床。专属经济区所属国家具有勘探、开发、使用、养护、管理海床和底土及其上覆水域自然资源的权利,对人工设施的建造使用、科研、环保等的权利。其他国家仍然享有航行和飞越的自由,以及与这些自由有关的其他符合国际法的用途(铺设海底电缆、管道等)。

大陆架:依照本公约沿用大陆架公约规定,称"大陆架"者谓:(1)邻接海岸但在领海以外之海底区域之海床及底土,其上海水深度不逾200米,或虽逾此限度,而其上海水深度仍使该区域天然资源有开发之可能性者;(2)邻接岛屿海岸之类似海底区域之海床及底土。

而沿海国为探测大陆架及开发其天然资源，对大陆架行使主权上权利，沿海国如果不探测大陆架或开发其天然资源，非经其明示同意，任何人不得从事此项工作或对大陆架有所主张。沿海国对大陆架之权利不以实际或观念上之占领或明文公告为条件。所称“天然资源”，包括在海床及底土之矿物及其他无生资源以及定着类之有生机体，亦即于可予采捕时期，在海床上下固定不动，或非与海床或底土在形体上经常接触即不能移动之有机体。但沿海国对于大陆架之权利，不影响其上海水为公海之法律地位，亦不影响海水上空之法律地位。

群岛国水域：由于群岛国与大陆型国家的地理形势差异甚大，公约在其第四章对群岛国（Archipelagic States），如日本、印度尼西亚、菲律宾等，的领海画法和海上权利做了单独规定。群岛国的领海基线应从其领土各处最远程岛屿之远点相连。但此等端点不宜距离过远。在此等端点联机区域内之水域，称为群岛水域（Archipelagic Waters），可视为该群岛国之领海。从此基线起算 200 海里得为该国之专属经济区。

公海（国际水域）：适用于领海（水）以外以下水体，包括洋（oceans）、大型海域生态系统（large marine ecosystems）（如北极海、日本海、东中国海、南中国海、北海、阿拉伯海）、封闭或半封闭海域与河口（estuary）（如地中海、亚德里亚海、黑海、里海、芬兰湾、孟加拉国湾、墨西哥湾）、河流、湖泊、地下水系统与蓄水层（aquifers）、湿地。公海（high seas）有时特指领海之外的洋、海。在公海航行之船只仅受船旗国（flag state）管辖。但海盗事件与奴隶贩卖案件发生时，任何国家皆可介入管辖。

内陆国（landlocked states）（如蒙古和哈萨克等）如加入本公约，依照规定，在转运国（transit states）可享有免关税待遇。

海和洋:海洋的主要部分为洋,或称大洋,约占海洋总面积的90.3%。大洋远离大陆,面积广阔,深度一般大于2000米,有独立的风、潮汐和洋流系统。世界大洋通常被分为四大部分,即太平洋、大西洋、印度洋和北冰洋。大洋四周的边缘部分成为海。海濒临陆地,深度较浅。根据国际水道测量组织的材料,全世界共有54个海,面积只占世界海洋总面积的9.7%。按照所处位置,海可以分为边缘海、陆间海和内海。

海岛:海岛指的是海洋中的岛屿。自然科学上的海岛是指海洋中与大陆分离、四周环水的陆地区域。《海洋学术语·海洋地质学》规定,海岛是“散布于海洋中、面积不小于500平方米的小块陆地”。1982年《联合国海洋法公约》把海岛确定为“四面环水并在高潮时高于水面的自然形成的陆地区域。”中华人民共和国国家标准(GB/T18190—2000)海洋学术语·海洋地质学将岛屿划分为两类,大于500平方米的称为海岛,小于500平方米的成为礁。

海峡运河:海峡是指位于大陆与大陆之间、大陆与岛屿之间或岛屿与岛屿之间,连接两个海或洋的狭窄水道。两块陆地之间的狭长水道,天然形成的是海峡,人工后天挖掘形成的是运河。海峡和运河都是处于两块陆地之间的狭长水域,连接两个海或者连接海和洋。

海岸带:海岸带是海洋与陆地的分界线,一般指大潮所达到的高潮线,在海图上表现为平均大潮高潮的水陆分界线。海岸线包括大陆岸线和岛屿岸线。受地壳运动、冰川融化、入海河流泥沙等因素的影响,海岸线是不断变化的,海水入侵或后退都会造成海岸线的变化,这种变化有时还会很大。海岸带是海洋和陆地相互交接和作用的地带,一般包括海岸、海滩和水下岸坡三部分。海岸带地区是陆域环境与海域环境交叉耦合和相互作用、海陆区位优势的集合体,是人口最密集和经济社会发展最快的黄金地带。

大陆边缘：大陆边缘是从大陆地壳向大洋地壳的过渡带，由大陆架、大陆坡和大陆基组成。

大洋中脊：大洋中脊即海底山脉，全长6.5万平方米，贯穿四大洋，是世界上最长、规模最大的山系。大洋中脊又称中央海岭，顶部水深约在2～3千米，宽度从数百至数千千米不等，约占洋底面积的32.8%。

海洋矿产：包括油气资源、天然气水合物、金属矿产资源及其他矿产资源。

生物资源：地球上动物界的32个门类中，已知并被命名的海洋生物约有23万种。其中，植物约2万种，鱼类15000多种，比较重要的捕捞对象如鱼、虾、贝、藻等800多种，年可捕量2亿～3亿吨，养殖品种约200种，尚有200万种有待认识。鱼类是人类蛋白质的重要来源之一。世界上所消费蛋白质的12%来自海洋鱼类，海洋渔业占全球渔业产量的90%。

可再生能源：海洋可再生能源包括海洋潮汐能、海洋波浪能、海流能、海洋盐差能、海洋温差能、海洋风能等。1981年联合国教科文组织出版的《海洋能开发》估计，世界海洋蕴藏在海岸线附近的可开发海洋能约64亿千瓦，是当时世界电站装机容量的两倍。据科学家计算，海浪蕴藏有电能高达90亿千瓦小时。

海水资源：海洋集中了地球97%的水。将海水淡化用于农业灌溉的前景十分广阔。已有100多个国家在应用海水淡化技术，海水淡化日产量3775万吨。此外，广袤的海洋还为人类提供了辽阔的空间资源，港口航道资源，填海造陆、修建海底隧道和海上仓库、海水养殖和海洋旅游等都需要利用海域。随着科技的进步，经济实力的增强，人类活动的空间必将向海洋深处和远处扩展。

航海资源：海洋是维持经济运行的“蓝色大动脉”，海水运输至今仍是人类最便捷、经济和无可替代的交通运输方式。全球海运量持续提升,已从1970年的1×10^{10}吨,发展到2007年的3×10^{10}吨。

国际海洋相关组织

● 政府间组织

国际环保组织协会International Environmental Protection Organization Association(IEPOA)http://www.iepoa.org

国际环境保护组织协会(IEPOA)成立于2007年,(批准证书号:37990030-001-05-07-5)得到了联合国副秘书长、联合国环境规划署执行主任阿希姆.施泰纳先生的亲笔贺信和大力支持。

国际环境保护组织协会拥有广泛的国内外资源,承办过多起环保公益活动。其中,“拯救地球在行动——投融资环保酒会”,在各界环保人士的配合下,圆满成功。为环保事业添砖加瓦;在“拯救地球在行动——减塑节能”行动中,数千只免费环保袋在短短的几个小时发放一空,并得到媒体的高度关注。国际环境保护组织协会拥有环保歌手,推出《地球之战》、《拯救地球》、《世外桃源》等环保歌曲,亦受到广泛赞誉。

《美丽花园》杂志是协会主管的新兴的时尚环保杂志,以环保为主题,从不同的角度向读者展示环保的重要性,获得业内人士的好评。国际环境保护组织协会拥有专业国际性网站和《美丽花园》电子版杂志的形式,对大众进行环保的宣传教育。国际环境保护组织协会尽心从事环保,我们的目的就是:拯救地球,在行动。

国际环境保护组织协会既尊崇古老的东方文明，也尊重先进的西方文化。国际环境保护组织协会博采百家之所长，汇集世界文明之大成，自强不息、厚德载物，发展国际环保事业，为还一个洁净的环境给人类而努力奋斗。协会以实际行动获得了环保界的认可，一直以来国际环境规划署、中国环境保护部对协会予以了大力的支持，是真正为环保做实事的组织。

国际环境保护组织协会崇尚科学，重视教育，热衷公益事业，主张全球经济一体化，主张国家之间和平共处、宗教之间相互尊重，联合世界所有热爱环保的组织及民众，努力改善人类的生态环境，为共同创造一个适合人类生存，欣欣向荣的地球村而奋斗！

海洋守护者协会Sea Shepherd Conservation Society(SSCS)

http://www.seashepherd.org

海洋守护者协会(SSCS)是美国的一个非营利的、注册免税的组织，且是荷兰的一个已注册的基金会。它驻扎在美国华盛顿州的星期五港(Friday Harbor)和用于其南半球行动的澳大利亚墨尔本。协会说成员们在联合国世界自然宪章(1982年)和其他保护海洋物种与环境的法律法规的指导下开展运动。它掌握着一支三艘船的船队，并称之为“尼普顿的舰队(Neptune's Navy)”：考察船“法利·莫沃特”(RV Farley Mowat)、内燃机船“史蒂夫·欧文”(MV Steve Irwin)和考察船“海牛”(RV Sirenian)，以及若干小一些的船艇。

绿色和平的早期成员保罗·沃森(Paul Watson)与该组织关于对鲸鱼遭杀害的“见证”态度起了一次争执以后，于1977年建立了协会。与(坚持避免破坏或物理妨碍海上捕鲸船只的方针的)绿色和平截然不同的是，海洋守护者参与包括毁坏和用其他方式物理妨碍捕鲸船作业在内的“直接行动”。

国际海事组织International Maritime Organization(IMO)

http://www.imo.org

国际海事组织(IMO)是联合国负责海上航行安全和防止船舶造成海洋污染的一个专门机构,总部设在伦敦。该组织最早成立于1959年1月6日,原名“政府间海事协商组织”,1982年5月改为现名,到2006年10月,已有167个正式成员。该组织宗旨为促进各国间的航运技术合作,鼓励各国在促进海上安全,提高船舶航行效率,防止和控制船舶对海洋污染方面采取统一的标准,处理有关的法律问题。

海洋研究科学委员会Scientific Committee on Oceanic Research (SCOR)

http://www.scor-int.org/

海洋研究科学委员会(SCOR)是1957年成立的国际海洋科学研究的非官方组织。海洋研究科学委员会是国际科学联合会理事会(ICSU)下属的常设科学委员会。是国际性民间海洋科学组织,同时也是联合国教科文组织和政府间海洋学委员会的科学咨询机构,简称海洋科委会(SCOR)。

职能是促进和组织海洋各分支学科的国际科学研究活动,制定国际海洋研究规划,促进海洋资料的交换,建立各种资料标准。

海洋研究科学委员会的主要组织机构是代表大会、执行委员会和秘书处。代表大会是决策机构,每两年召开一次,执行委员会在大会闭会期间全面负责该组织的各项工作,每年召开一次会议;秘书处负责有关行政事务。

海洋研究科学委员会的成员由三类会员组成:(1)国际科学联合会理事会、国际大地测量学和地球物理学联合会(IUGG)、国际理论

物理和应用物理学联合会(IUPAP)、国际生物科学联合会(IUBS)、国际地质科学联合会(IUGS)、国际地理学联合会(IGU)、国际生理科学联合会(IUPS)和国际生物化学联合会(IUB)的代表;(2)各个会员国国家海洋研究委员会派出的3名海洋科学家;(3)特邀海洋科学家。此外,联合国教科文组织、联合国粮农组织以及世界气象组织也派出代表参加。各国的国家海洋研究委员会代表国家同海洋研究科学委员会联系,并负责协调国内海洋科学事务。中国1985年成立国家海洋研究委员会,由曾呈奎、罗钰如、任美锷为代表加入海洋研究科学委员会。

海洋研究科学委员会的具体业务工作主要是通过执行委员会组建的各种工作组来执行。到1984年为止,它已先后建立过70个工作组,其中存在时间最久的是1957年建立并保持至今的海洋学表格和标准工作组。海洋研究科学委员会的活动广泛涉及海洋研究的各个学科,通过各工作组积极从事大量海洋问题的研究;与有关团体、机构联合发起各种海洋科学国际合作、会议和专题讨论会,并出版科学会议记录;促进海洋资料的收集、处理和交换;编制各种必要的海洋学表格和标准。主要出版物是《海洋研究科学委员会会议录》(年刊)。

南极研究科学委员会 Scientific Committee on Antarctic Research(SCAR)

http://www.scar.org/

南极研究科学委员会(SCAR)是1960年成立的国际科学联合会下属的、负责南极科学研究的国际组织,是管理南极科学事务的民间科学团体。南极研究科学委员会是国际科学联合会理事会(ICSU)属下的一个多学科科学委员会。它是国际南极科学的最高学术权威机构,负责国际南极研究计划的制订、启动、推进和协调。通过每两年一次的大会和组织一系列的学术研讨会,定期发布国际南极研究的最新发现,并提出南极科学研究新的优先领域,为其成员国指明研究方向。

国际海洋科学组织International Marine Science Organizations (IMSO)

国际海洋科学组织(IMSO)在海洋科学方面开展合作活动的两国或多国组织的总称。1902 年成立的国际海洋考察理事会(ICES)是第一个国际海洋科学组织,其他组织绝大多数成立于第二次世界大战后。有些组织是政府间组织,受两国或多国政府间签订的有关海洋条约或协定的约束;有些是民间组织,通常由共同关心海洋某一专题的组织或个人组成。全面关心海洋科学的政府间国际组织以联合国教科文组织(UNESCO)下属的政府间海洋学委员会为代表,民间国际团体以国际科学联合会理事会(ICSU)下属的海洋研究科学委员会为代表。这两个委员会参与许多重要的世界性海洋科学活动。其他政府间或民间组织的科学活动范围都比较小,多限于某一地理区域或专题。

组织机构:政府间国际海洋科学组织以联合国系统为主。联合国大会就国家管辖范围以外海床利用的立法和管辖问题,与海洋科学事务有直接关系。在联合国专门机构中,联合国粮农组织(FAO)、世界气象组织、教科文组织和政府间海事协商组织(IMCO),分别就海洋渔业、海洋气象、海洋科技培训和规划促进工作,以及国际航运和海上安全事项这些方面,与海洋科学事务有密切关系,其中 1960 年成立的政府间海洋学委员会是负责协调海洋科学活动的重要组织。在联合国跨组织联合小组中,也有一些有关海洋科学事务的组织,如:海洋学科学规划联席委员会(ICSPRO)、海洋污染科学专家组(GESAMP)、全球海洋站系统联合促进组等。

组织目的:联合国系统以外约有五六十个独立的政府间国际海洋科学组织。其中多边组织较多,大多为专门设置。组建目的多是为海洋渔业服务,也有为区域性海洋测量、区域性海洋资源开发、区域性海洋环境保护以及其他区域性专题研究而组建的。例如:由巴西、加拿大、古巴、法国、加纳、象牙海岸、日本、韩国、摩洛哥、葡萄牙、塞内加尔、南非、西班牙和美国于 1966 年组成的国际大西洋金枪鱼资源保护委员会(ICCAT),目的是促进大西洋金枪鱼资源的研究和保护;由中国和日本于 1975 年组成的中日联合渔业委员会(JCFC),目的在于促进黄海和东海渔业资源研究、交换有关资料和制定保护措施;由联邦德国、瑞典、丹麦、挪威、法国、英国和荷兰于 1962 年组成的北海水道测量委员会(NSHC),目的在于促进北海航道测量的合作,并为勘探利用北海能源制订有关政策;由澳大利亚、法国、英国、新西兰、荷兰和美国于 1947 年组成的南太平洋委员会(SPC),主要目的是促进南太平洋区域的海洋资源开发。

• 民间组织

民间国际海洋科学组织以国际科联理事会系统为主。国际科联理事会通过常设的特别委员会,研究和处理下属联合会中的海洋科学活动。这种委员会主要有海洋研究科学委员会和南极研究科学委员会(SCAR)。其中海洋研究科学委员会又是政府间海洋学委员会的科学咨询团体。有关的联合会为便利海洋科学活动,设置了相应的独立协会或委员会,主要有:

国际海洋物理科学协会International Association for the Physical Sciences of the Oceans(IAPSO) http://iapso.org/

国际大地测量学和地球物理学联合会(IUGG)下设的国际海洋

物理科学协会(IAPSO),1919 年初建时作为该联合会的海洋处,1931 年正式成为国际物理海洋学协会(IAPO),1967 年改用现名。中国是成员国之一。该协会的宗旨是:促进有关海洋及其与边界相互作用的科学研究,重点是借助数学、物理学和化学方法能完成的研究课题;发起、促进并协调需要国际合作的海洋调查研究;为有关问题的讨论和发表提供便利。主要附属机构有:海洋地球物理学委员会、海洋化学委员会、物理海洋学委员会、潮汐与平均海平面委员会,以及海—气相互作用联合委员会。

国际生物海洋学协会International Association of Biological Oceanography(IABO);http://www.iabo.org/

国际生物科学联合会(IUBS)下设的国际生物海洋学协会(IABO),建于 1966 年,宗旨是增进海洋生物学研究,提供并加强生物海洋学家之间的联系。曾参与"海洋学联合大会"、"国际南大洋研究"等多项合作活动。1975 年建立了一个珊瑚礁常设委员会。

海洋地质学委员会Commission on Marine Geology(CMG)

国际地质科学联合会(International Union of Geological Sciences ,IUGS)下设的海洋地质学委员会(CMG),宗旨是促进海底地质学、地球化学和地球物理学的调查研究活动,并促进调查研究成果的广泛传播。

- **混合组织**

这是指国际政府间和民间的混合组织。

由于一个组织的成员经常应邀参加其他组织的会议,从而逐渐形成两个或多个组织新组成的专门团体,即国际政府间和民间组织的混合组织。一般是由政府间组织提供指导和经费，由民间组织提供专家和技术。主要有：

海洋学联合大会Joint Oceanographic Assembly(JOA)

世界海洋科学家的联合大会，自1959年始，约6年召开一次，综述海洋科学各方面进展状况。大会由许多国际海洋科学组织联合主办，20多年来已举行过5次大会。

北大西洋联合协调组(NAT)

国际海洋考察理事会、国际西北大西洋渔业委员会(ICNAF)和政府间海洋学委员会的秘书处间的组织，为协调北大西洋研究工作而设立，每两年召开一次会议。

江河输入海洋系统联合工作组(RIOS)

由来自海洋资源研究咨询委员会(ACMRR)、海洋资源工程委员会、国际水文科学协会(IAHS)和海洋研究科学委员会的成员组成。

国际海洋研究科学工作组(SAIOR)

由来自海洋资源研究咨询委员会、海洋研究科学委员会和世界气象组织的成员组成。

- **其他组织**

此外，有一些由一个或多个国际组织主办的资料中心和服务部门。除世界资料中心(海洋学)外，其他资料中心或负责某一专题，或负责某一海区的资料工作。世界资料中心(海洋学)分别设在华盛顿和莫斯科，专门从事海洋资料的收集、编目、建档、交换、供应、出版等工作。亚速尔水下固定声场中心(AFAR)、墨西哥海洋生物分类中心(CPOM)、渔业资料中心(FDC)、印度洋生物学中心(IOBC)、国际地震学中心(ISC)、国际海啸情报中心(ITIC)、黑潮资料中心(KDC)、地中海海洋分类中心(MMSC)、区域海洋生物学中心(RM-BC)等也都与海洋科学关系密切。

国际著名海洋研究所

美国斯科里普斯海洋研究所:建于1903年,是世界上最古老、最大、最重要的海洋科学研究。1912年归属于加利福尼亚大学。研究领域涉及海洋物理、化学、生物、地质和地球物理。开展的海洋调查包括海洋地貌、海底组成、波浪和环流以及海底、水体、大气间物质通量和交换,设计的海域包括世界各大洋。

美国伍兹霍尔海洋研究所:位于美国东北部大西洋海岸的马萨诸塞州伍兹霍尔,是美国最大的私立综合性海洋科学研究机构,建于1930年。该所与麻省理工学院、哈佛大学密切合作,致力于海洋科学前沿的研究和高级教育。

俄罗斯PP希尔绍夫海洋资源研究院:建于1946年。截至2010年有3个分中心,职工2000名,其中科技人员800名,拥有8艘考察船、5艘载人潜器,开展全球性海洋综合研究。特点:探险式科研,有许多著名发现。

英国南安普顿海洋研究中心:建于1996年,位于南安普顿大学,截至2010年，该中心有职工1100名，其中科技人员500名，拥有2艘调查船、多艘深潜器及海底观测系统，国家海洋图书馆。研究领域涉及除渔业以外的所有海洋学科，优势是学科交叉、综合性，整体实力居欧洲首位。

日本海洋科学中心：建于1971年，(截至2010年)有300名科技人员，拥有海洋考察船、深海调查船及先进的实验、调查、探测设备，科研优势为深海地球钻探、尖端技术开发、海洋环境及生态研究。